Jinan

Liebe Schülerin, lieber Schüler,

mit diesem Förderheft wollen wir dich dabei unterstützen, wesentliche mathematische Inhalte der Jahrgangsstufe 9 zu üben und zu wiederholen.
Solltest du noch Wissenslücken haben, findest du hier ausgewählte Aufgaben mit gezielten Hinweisen, um diese Lücken zu schließen.
Solltest du keine Wissenslücken haben, kannst du mithilfe anderer Aufgaben dein Wissen vertiefen und deine mathematischen Fähigkeiten weiter entwickeln.

Wie gehst du am besten vor?
Zunächst solltest du den **Diagnosetest** bearbeiten, den du anschließend auswertest. Die Auswertungstabelle enthält alle Lösungen des Tests und Hinweise, auf welchen **Förderseiten** du weitere/zusätzliche Trainingsaufgaben bearbeiten kannst.
Wenn du die Testaufgaben ohne Probleme gelöst hast, kannst du dich auf den **Forderseiten** mit schwierigen Aufgaben beschäftigen. Dabei kann es sich auch um Knobelaufgaben handeln, die du so in deinem Mathematikunterricht noch nicht gehört hast. Mit etwas Nachdenken und gesundem Menschenverstand wirst du überraschende Lösungen finden.

Wir wünschen dir viel Spaß und viel Erfolg.

Dein Redaktionsteam

Diagnosetest 1

Bestimme in diesem Test deine Ergebnisse ohne Taschenrechner.

A Potenzen

1 Schreibe jeweils als Produkt und berechne.

a) 7^2 = __________ = ______ 10^2 = __________ = ______ 11^2 = __________ = ______

b) 2^3 = __________ = ______ 5^3 = __________ = ______ 10^3 = __________ = ______

2 Berechne.

a) $\left(\frac{1}{6}\right)^2$ = ________ $\left(\frac{3}{5}\right)^2$ = ________ $\left(\frac{10}{13}\right)^2$ = ________ $\left(\frac{1}{5}\right)^3$ = ________ $\left(\frac{3}{4}\right)^3$ = ________

b) $0{,}5^2$ = ________ $1{,}2^2$ = ________ $0{,}02^2$ = ________ $0{,}3^3$ = ________ $0{,}02^3$ = ________

3 Schreibe das Produkt als Potenz.

a) $2 \cdot 2 \cdot 2 \cdot 2$ = ______ b) $6 \cdot 6 \cdot 6 \cdot 6 \cdot 6 \cdot 6 \cdot 6$ = ______ c) $x \cdot x \cdot x \cdot x \cdot x$ = ______

4 Ergänze den Platzhalter.

a) $\square^2 = 196$ b) $\square^2 = \frac{1}{49}$ c) $\square^2 = 0{,}81$ d) $\square^3 = 1000$ e) $\square^4 = 16$

5 Schreibe als Potenz mit der Basis 10. a) 100 = ______ b) 1 000 000 = ______

B Quadratwurzeln

1 Bestimme jeweils die Quadratwurzel.

a) $\sqrt{9}$ = ______ $\sqrt{36}$ = ______ $\sqrt{100}$ = ______ $\sqrt{81}$ = ______ $\sqrt{64}$ = ______

b) $\sqrt{144}$ = ______ $\sqrt{196}$ = ______ $\sqrt{225}$ = ______ $\sqrt{289}$ = ______ $\sqrt{576}$ = ______

c) $\sqrt{900}$ = ______ $\sqrt{1600}$ = ______ $\sqrt{4900}$ = ______ $\sqrt{10\,000}$ = ______ $\sqrt{40\,000}$ = ______

d) $\sqrt{0{,}81}$ = ______ $\sqrt{0{,}04}$ = ______ $\sqrt{0{,}0001}$ = ______ $\sqrt{2{,}25}$ = ______ $\sqrt{0{,}0144}$ = ______

2 Setze < oder > ein.

a) $\sqrt{23}$ ☐ 5 b) $\sqrt{50}$ ☐ 7 c) $\sqrt{20}$ ☐ 4 d) $\sqrt{80}$ ☐ 9

3 Ein Rechteck ist 10 m lang und 2,50 m breit.
Gib die Seitenlänge des Quadrats an, das denselben Flächeninhalt wie das Rechteck hat.

Antwort: Die Seitenlänge des Quadrats beträgt ______ m.

C Rechnen mit Quadratwurzeln

1 Bestimme die Quadratwurzel.

a) $\sqrt{\frac{9}{25}}$ = ______ $\sqrt{\frac{49}{64}}$ = ______ $\sqrt{\frac{16}{81}}$ = ______

b) $\sqrt{\frac{169}{225}}$ = ______ $\sqrt{\frac{121}{625}}$ = ______ $\sqrt{\frac{400}{729}}$ = ______

2 Fasse zu einer Wurzel zusammen und berechne.

a) $\sqrt{2} \cdot \sqrt{50}$ = ______ $\sqrt{3} \cdot \sqrt{27}$ = ______

b) $\sqrt{5} \cdot \sqrt{80}$ = ______ $\sqrt{7} \cdot \sqrt{28}$ = ______

c) $\sqrt{11} \cdot \sqrt{44}$ = ______ $\sqrt{15} \cdot \sqrt{60}$ = ______

d) $\sqrt{242} : \sqrt{2}$ = ______ $\sqrt{54} : \sqrt{6}$ = ______

e) $\sqrt{405} : \sqrt{5}$ = ______ $\sqrt{175} : \sqrt{7}$ = ______

f) $\sqrt{275} : \sqrt{11}$ = ______ $\sqrt{360} : \sqrt{10}$ = ______

D Dritte Wurzeln

1 Ergänze die fehlende Größe eines Würfels.

	a)	b)	c)	d)
Kantenlänge	6 m	8 m		
Volumen			27 cm^3	1000 cm^3

2 Bestimme die dritte Wurzel.

a) $\sqrt[3]{8}$ = ______ $\sqrt[3]{64}$ = ______ $\sqrt[3]{216}$ = ______

b) $\sqrt[3]{1000}$ = ______ $\sqrt[3]{27\,000}$ = ______ $\sqrt[3]{125\,000}$ = ______

c) $\sqrt[3]{0{,}001}$ = ______ $\sqrt[3]{0{,}008}$ = ______ $\sqrt[3]{0{,}512}$ = ______

3 Setze < oder > ein.

a) $\sqrt[3]{10}$ ☐ 2 b) $\sqrt[3]{25}$ ☐ 3 c) $\sqrt[3]{100}$ ☐ 5 d) $\sqrt[3]{250}$ ☐ 6

Kreuze deine richtigen Ergebnisse an.

A Potenzen

1 a) $7 \cdot 7 = 49$ ☐ $10 \cdot 10 = 100$ ☐ $11 \cdot 11 = 121$ ☐

b) $2 \cdot 2 \cdot 2 = 8$ ☐ $5 \cdot 5 \cdot 5 = 125$ ☐ $10 \cdot 10 \cdot 10 = 1000$ ☐

2 a) $\frac{1}{36}$ ☐ $\frac{9}{25}$ ☐ $\frac{100}{169}$ ☐ $\frac{1}{125}$ ☐ $\frac{27}{64}$ ☐

b) 0,25 ☐ 1,44 ☐ 0,0004 ☐ 0,027 ☐ 0,000008 ☐

3 a) 2^4 ☐ b) 6^7 ☐ c) x^5 ☐

4 a) 14 ☐ b) $\frac{1}{7}$ ☐ c) 0,9 ☐ d) 10 ☐ e) 2 ☐

5 a) 10^2 ☐ b) 10^6 ☐

B Quadratwurzeln

1 a) 3☐ 6☐ 10☐ 9☐ 8☐ b) 12☐ 14☐ 15☐ 17☐ 24☐

c) 30☐ 40☐ 70☐ 100☐ 200☐ d) 0,9☐ 0,2☐ 0,01☐ 1,5☐ 0,12☐

2 a) $<$ ☐ b) $>$ ☐ c) $>$ ☐ d) $<$ ☐

3 Die Seitenlänge des Quadrats beträgt 5 m. ☐

C Rechnen mit Quadratwurzeln

1 a) $\frac{3}{5}$ ☐ $\frac{7}{8}$ ☐ $\frac{4}{9}$ ☐ b) $\frac{13}{15}$ ☐ $\frac{11}{25}$ ☐ $\frac{20}{27}$ ☐

2 a) 10 ☐ 9 ☐ b) 20 ☐ 14 ☐ c) 22 ☐ 30 ☐

d) 11 ☐ 3 ☐ e) 9 ☐ 5 ☐ f) 5 ☐ 6 ☐

D Dritte Wurzeln

1 a) $216\,m^3$ ☐ b) $512\,m^3$ ☐ c) 3 m ☐ d) 10 m ☐

2 a) 2☐ 4☐ 6☐ b) 10☐ 30☐ 50☐ c) 0,1☐ 0,2☐ 0,8☐

3 a) $>$ ☐ b) $<$ ☐ c) $<$ ☐ d) $>$ ☐

Tabelle zur Selbsteinschätzung

Kreuze für jedes Teilthema das Feld an, das nach deiner Einschätzung für dich zutrifft. Die Seitenangabe in dem angekreuzten Feld nennt dir dann die Seite, auf der du weiterarbeiten solltest.

Teilthemen	Ich hatte bei fast allen Aufgaben Schwierigkeiten.	Ich hatte bei einigen Aufgaben Schwierigkeiten.	Ich hatte bei allen Aufgaben keine Schwierigkeiten
A	☐ Seite 5	☐ Seite 6	☐ Seite 14
B	☐ Seite 7	☐ Seite 8	☐ Seite 14
C	☐ Seite 10	☐ Seite 11	☐ Seite 14
D	☐ Seite 12	☐ Seite 13	☐ Seite 14

1 Schreibe als Produkt und berechne ohne Taschenrechner.

a) 7^2 = 7 · 7 = ___
4^2 = ___ = ___
6^2 = ___ = ___

b) 2^2 = ___ = ___
3^2 = ___ = ___
5^2 = ___ = ___

c) 8^2 = ___ = ___
11^2 = ___ = ___
12^2 = ___ = ___

d) 15^2 = ___ = ___
13^2 = ___ = ___
14^2 = ___ = ___

e) 4^3 = 4 · 4 · 4 = ___
2^3 = ___ = ___
3^3 = ___ = ___

f) 5^3 = ___ = ___
6^3 = ___ = ___
10^3 = ___ = ___

2 Berechne.

a) 1^2 = ___ = ___
10^2 = ___ = ___
100^2 = ___ = ___
1000^2 = ___ = ___

b) 5^2 = ___ = ___
50^2 = ___ = ___
500^2 = ___ = ___
5000^2 = ___ = ___

c) 1^3 = ___ = ___
10^3 = ___ = ___
100^3 = ___ = ___
1000^3 = ___ = ___

3 Schreibe als Produkt und berechne.

a) 30^2 = 30 · 30 = ___
40^2 = ___ = ___
60^2 = ___ = ___

b) 70^2 = ___ = ___
90^2 = ___ = ___
80^2 = ___ = ___

c) 20^3 = ___ = ___
30^3 = ___ = ___
50^3 = ___ = ___

4 Ergänze jeweils den Platzhalter.

a) $\square^2 = 81$
$\square^2 = 16$
$\square^2 = 49$

b) $\square^2 = 100$
$\square^2 = 121$
$\square^2 = 400$

c) $\square^2 = 196$
$\square^2 = 625$
$\square^2 = 900$

d) $\square^3 = 8$
$\square^3 = 64$
$\square^3 = 27$

e) $\square^3 = 1000$
$\square^3 = 216$
$\square^3 = 125$

5 Schreibe als Produkt und berechne wie in den Beispielen.

$\left(\frac{1}{8}\right)^2 = \frac{1}{8} \cdot \frac{1}{8} = \frac{1}{64}$ $\left(\frac{2}{9}\right)^2 = \frac{2}{9} \cdot \frac{2}{9} = \frac{4}{81}$

a) $\left(\frac{1}{6}\right)^2 =$ ________ = ____ b) $\left(\frac{5}{7}\right)^2 =$ ________ = ____ c) $\left(\frac{1}{5}\right)^3 =$ ________ = ____

$\left(\frac{1}{9}\right)^2 =$ ________ = ____ $\left(\frac{3}{10}\right)^2 =$ ________ = ____ $\left(\frac{1}{7}\right)^3 =$ ________ = ____

$\left(\frac{1}{10}\right)^2 =$ ________ = ____ $\left(\frac{2}{13}\right)^2 =$ ________ = ____ $\left(\frac{3}{4}\right)^3 =$ ________ = ____

6 Schreibe als Produkt und berechne wie in den Beispielen.

$0{,}3^2 = 0{,}3 \cdot 0{,}3 = 0{,}09$ $1{,}3^2 = 1{,}3 \cdot 1{,}3 = 1{,}69$ $0{,}4^3 = 0{,}4 \cdot 0{,}4 \cdot 0{,}4 = 0{,}064$

a) $0{,}2^2 =$ ________ = ____ b) $1{,}1^2 =$ ________ = ____ c) $0{,}2^3 =$ ________ = ____

$0{,}5^2 =$ ________ = ____ $1{,}2^2 =$ ________ = ____ $0{,}5^3 =$ ________ = ____

$0{,}7^2 =$ ________ = ____ $1{,}5^2 =$ ________ = ____ $0{,}6^3 =$ ________ = ____

7 Schreibe als Produkt und berechne wie in den Beispielen.

$(-5)^2 = (-5) \cdot (-5) = 25$ $(-5)^3 = (-5) \cdot (-5) \cdot (-5) = -125$

a) $(-4)^2 = (-4) \cdot (-4) =$ ____ b) $(-11)^2 =$ ________ = ____ c) $(-2)^3 =$ ________ = ____

$(-8)^2 =$ ________ = ____ $(-12)^2 =$ ________ = ____ $(-4)^3 =$ ________ = ____

8 Schreibe die Produkte als Potenzen. $3 \cdot 3 \cdot 3 \cdot 3 \cdot 3 \cdot 3 \cdot 3 \cdot 3 \cdot 3 = 3^9$

a) $5 \cdot 5 \cdot 5 \cdot 5 \cdot 5 \cdot 5 \cdot 5 \cdot 5 \cdot 5 =$ ____

$11 \cdot 11 \cdot 11 \cdot 11 \cdot 11 \cdot 11 \cdot 11 \cdot 11 =$ ____

$2 \cdot 2 \cdot 2 \cdot 2 \cdot 2 \cdot 2 \cdot 2 \cdot 2 \cdot 2 \cdot 2 \cdot 2 \cdot 2 =$ ____

b) $6 \cdot 6 \cdot 6 \cdot 6 \cdot 6 \cdot 6 \cdot 6 \cdot 6 \cdot 6 \cdot 6 \cdot 6 \cdot 6 =$ ____

$15 \cdot 15 \cdot 15 \cdot 15 \cdot 15 \cdot 15 \cdot 15 \cdot 15 \cdot 15 =$ ____

$7 \cdot 7 \cdot 7 \cdot 7 \cdot 7 \cdot 7 \cdot 7 \cdot 7 \cdot 7 \cdot 7 \cdot 7 \cdot 7 \cdot 7 \cdot 7 =$ ____

c) $2{,}1 \cdot 2{,}1 \cdot 2{,}1 \cdot 2{,}1 \cdot 2{,}1 \cdot 2{,}1 \cdot 2{,}1 =$ ____

$31 \cdot 31 \cdot 31 \cdot 31 \cdot 31 \cdot 31 \cdot 31 \cdot 31 =$ ____

$27 \cdot 27 \cdot 27 \cdot 27 \cdot 27 \cdot 27 \cdot 27 \cdot 27 =$ ____

d) $5{,}2 \cdot 5{,}2 \cdot 5{,}2 \cdot 5{,}2 \cdot 5{,}2 \cdot 5{,}2 \cdot 5{,}2 \cdot 5{,}2 =$ ____

$162 \cdot 162 \cdot 162 \cdot 162 \cdot 162 \cdot 162 \cdot 162 =$ ____

$1 \cdot 1 \cdot 1 \cdot 1 \cdot 1 \cdot 1 \cdot 1 \cdot 1 \cdot 1 \cdot 1 \cdot 1 \cdot 1 \cdot 1 \cdot 1 \cdot 1 =$ ____

9 a) Schreibe als Potenz mit der Basis 10. $1000 = 10 \cdot 10 \cdot 10 = 10^3$

100 = ____________ 10 000 = ____________ 100 000 = ____________

b) Schreibe als Potenz mit der Basis 2. $16 = 2 \cdot 2 \cdot 2 \cdot 2 = 2^4$

8 = ____________ 64 = ____________ 256 = ____________

c) Schreibe als Potenz mit der Basis 5. $125 = 5 \cdot 5 \cdot 5 = 5^3$

25 = ____________ 625 = ____________ 3125 = ____________

1 Gib die Seitenlänge des Quadrats an.

a) $A = 25\ cm^2$ a = 5 cm

b) $A = 16\ cm^2$ a = 4 cm

c) $A = 9\ cm^2$ a = 3 cm

d) $A = 4\ cm^2$ a = 2 cm

e) $A = 2{,}25\ cm^2$ a = 1,5 cm

f) $A = 6{,}25\ cm^2$ a = 2,5 cm

2 Ergänze die fehlende Größe des Quadrats.

Seitenlänge	6 m	8 m	10 m	11 m
Flächeninhalt	$36\ m^2$	$64\ m^2$	$100\ m^2$	$121\ m^2$

Seitenlänge	6 m	10 m	7 m	2,5 m
Flächeninhalt	$36\ m^2$	$100\ m^2$	$49\ m^2$	$6{,}25\ m^2$

3 a) Vervollständige die Tabelle, indem du jeweils die Quadratzahl einträgst.

Zahl	1	2	3	4	5	6	7	8	9	10
Quadratzahl	1	4	9							

Zahl	11	12	13	14	15	16	17	18	19	20
Quadratzahl										

Zahl	21	22	23	24	25	26	27	28	29	30
Quadratzahl										900

b) Gib jeweils die Quadratwurzel an. Verwende die Tabelle. $\sqrt{64} = 8$, denn $8 \cdot 8 = 64$

$\sqrt{36}$ = 6, denn 6 · 6 = 36

$\sqrt{121}$ = ____, denn ________ = ________

$\sqrt{169}$ = ____, denn ________ = ________

$\sqrt{324}$ = ____, denn ________ = ________

$\sqrt{361}$ = ____, denn ________ = ________

$\sqrt{625}$ = ____, denn ________ = ________

$\sqrt{576}$ = ____, denn ________ = ________

$\sqrt{256}$ = ____, denn ________ = ________

$\sqrt{729}$ = 27, denn 27 · 27 = 729

$\sqrt{441}$ = ____, denn ________ = ________

4 Bestimme die Quadratwurzel.

a) $\sqrt{25}$ = ___ $\sqrt{64}$ = ___ $\sqrt{36}$ = ___

b) $\sqrt{100}$ = ___ $\sqrt{1}$ = ___ $\sqrt{0}$ = ___

c) $\sqrt{81}$ = ___ $\sqrt{96}$ = ___ $\sqrt{144}$ = ___

d) $\sqrt{900}$ = ___ $\sqrt{169}$ = ___ $\sqrt{225}$ = ___

e) $\sqrt{4}$ = ___ $\sqrt{400}$ = ___ $\sqrt{40\,000}$ = ___

f) $\sqrt{9}$ = ___ $\sqrt{900}$ = ___ $\sqrt{90\,000}$ = ___

g) $\sqrt{16}$ = ___ $\sqrt{1600}$ = ___ $\sqrt{160\,000}$ = ___

h) $\sqrt{49}$ = ___ $\sqrt{4900}$ = ___ $\sqrt{490\,000}$ = ___

5 Ordne richtig zu.

$\sqrt{36}$	$\sqrt{81}$	$\sqrt{12{,}25}$
$\sqrt{196}$	$\sqrt{441}$	$\sqrt{900}$
$\sqrt{64}$	$\sqrt{2{,}25}$	$\sqrt{289}$
$\sqrt{121}$	$\sqrt{49}$	$\sqrt{144}$

7	11	1,5
30	8	12
6	21	3,5
17	14	9

$\sqrt{36}$ = 6 ___ = ___ ___ = ___

___ = ___ ___ = ___ ___ = ___

___ = ___ ___ = ___ ___ = ___

___ = ___ ___ = ___ ___ = ___

6 Bestimme jeweils die Quadratwurzel wie in den Beispielen.

$\sqrt{0{,}09}$	=	0,3
2 Stellen nach dem Komma		1 Stelle nach dem Komma

$\sqrt{1{,}69}$	=	1,3
2 Stellen nach dem Komma		1 Stelle nach dem Komma

$\sqrt{0{,}0004}$	=	0,02
4 Stellen nach dem Komma		2 Stellen nach dem Komma

a) $\sqrt{0{,}04}$ = ___ $\sqrt{0{,}01}$ = ___ $\sqrt{0{,}49}$ = ___

b) $\sqrt{0{,}81}$ = ___ $\sqrt{1{,}96}$ = ___ $\sqrt{1{,}21}$ = ___

c) $\sqrt{2{,}56}$ = ___ $\sqrt{3{,}24}$ = ___ $\sqrt{4{,}84}$ = ___

d) $\sqrt{0{,}0009}$ = ___ $\sqrt{0{,}0064}$ = ___ $\sqrt{0{,}0036}$ = ___

7 Setze > oder < ein.

a) $\sqrt{20}$ ☐ 4 $\sqrt{12}$ ☐ 4 $\sqrt{18}$ ☐ 5 $\sqrt{29}$ ☐ 5

b) $\sqrt{35}$ ☐ 6 $\sqrt{42}$ ☐ 6 $\sqrt{51}$ ☐ 7 $\sqrt{45}$ ☐ 7

c) $\sqrt{65}$ ☐ 8 $\sqrt{75}$ ☐ 9 $\sqrt{105}$ ☐ 10 $\sqrt{105}$ ☐ 11

d) $\sqrt{27}$ ☐ 6 $\sqrt{40}$ ☐ 6 $\sqrt{55}$ ☐ 7 $\sqrt{60}$ ☐ 8

e) $\sqrt{88}$ ☐ 9 $\sqrt{79}$ ☐ 9 $\sqrt{95}$ ☐ 10 $\sqrt{101}$ ☐ 10

f) $\sqrt{130}$ ☐ 12 $\sqrt{150}$ ☐ 12 $\sqrt{170}$ ☐ 13 $\sqrt{200}$ ☐ 14

8 Bestimme mithilfe des Taschenrechners Näherungswerte für die Quadratwurzeln. Runde auf zwei Stellen nach dem Komma.

Runden auf zwei Stellen nach dem Komma (auf Hundertstel):

$\sqrt{2} = 1{,}4142\ldots \approx \square$ $\qquad$ $\sqrt{7} = 2{,}6457\ldots \approx \square$

h $\qquad$ h
1,41[4]2 … ≈ 1,41 $\qquad$ 2,64[5]7 … ≈ 2,65

Die dritte Stelle nach dem Komma gibt an, ob auf- oder abgerundet wird.

$\sqrt{2} \approx 1{,}41$ $\qquad$ $\sqrt{7} \approx 2{,}65$

a) $\sqrt{15} \approx$ ______ b) $\sqrt{93} \approx$ ______ c) $\sqrt{108} \approx$ ______ d) $\sqrt{227} \approx$ ______ e) $\sqrt{526} \approx$ ______

$\sqrt{42} \approx$ ______ $\sqrt{57} \approx$ ______ $\sqrt{162} \approx$ ______ $\sqrt{329} \approx$ ______ $\sqrt{671} \approx$ ______

$\sqrt{74} \approx$ ______ $\sqrt{79} \approx$ ______ $\sqrt{129} \approx$ ______ $\sqrt{388} \approx$ ______ $\sqrt{777} \approx$ ______

9 Gib die Seitenlänge des Quadrats an, das denselben Flächeninhalt wie das Rechteck hat.

a)
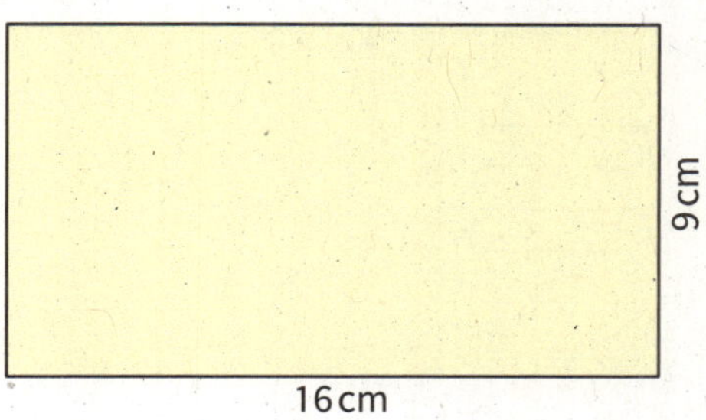

a = ______ cm

b)

a = ______ cm

c)

d)

e)
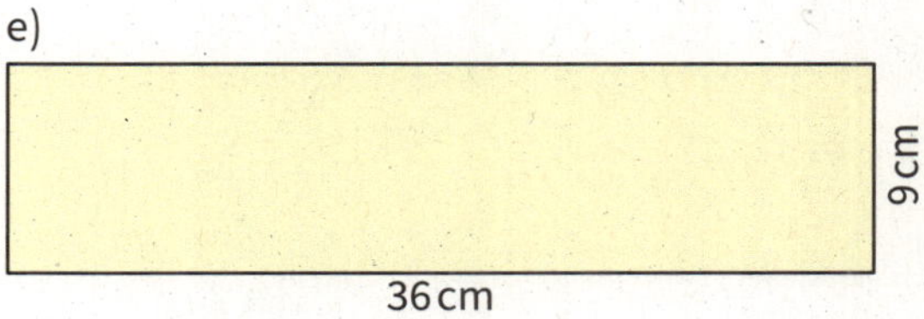

a = ______ cm $\qquad$ a = ______ cm $\qquad$ a = ______ cm

10 Gib die beiden aufeinander folgenden natürlichen Zahlen an, zwischen denen die angegebene Quadratwurzel liegt.

a) ______ < $\sqrt{50}$ < ______ $\qquad$ b) ______ < $\sqrt{85}$ < ______

______ < $\sqrt{33}$ < ______ $\qquad$ ______ < $\sqrt{104}$ < ______

______ < $\sqrt{69}$ < ______ $\qquad$ ______ < $\sqrt{139}$ < ______

$\sqrt{2}\cdot\sqrt{18}=\sqrt{2\cdot 18}=\sqrt{36}=6$

1 Fasse jeweils zu einer Wurzel zusammen und berechne.

a) $\sqrt{3}\cdot\sqrt{27}=\sqrt{3\cdot 27}=\sqrt{\_\_\_\_}=\_\_\_\_$

$\sqrt{2}\cdot\sqrt{8}=\sqrt{2\cdot 8}=\sqrt{\_\_\_\_}=\_\_\_\_$

b) $\sqrt{2}\cdot\sqrt{32}=\sqrt{\_\_\_\_\_\_}=\_\_\_\_\_\_\_\_=\_\_\_\_$

$\sqrt{3}\cdot\sqrt{12}=\sqrt{\_\_\_\_\_\_}=\_\_\_\_\_\_\_\_=\_\_\_\_$

c) $\sqrt{2}\cdot\sqrt{128}=\_\_\_\_\_\_\_\_=\_\_\_\_\_\_\_\_=\_\_\_\_$

$\sqrt{5}\cdot\sqrt{180}=\_\_\_\_\_\_\_\_=\_\_\_\_\_\_\_\_=\_\_\_\_$

d) $\sqrt{5}\cdot\sqrt{80}=\_\_\_\_\_\_\_\_=\_\_\_\_\_\_\_\_=\_\_\_\_$

$\sqrt{6}\cdot\sqrt{150}=\_\_\_\_\_\_\_\_=\_\_\_\_\_\_\_\_=\_\_\_\_$

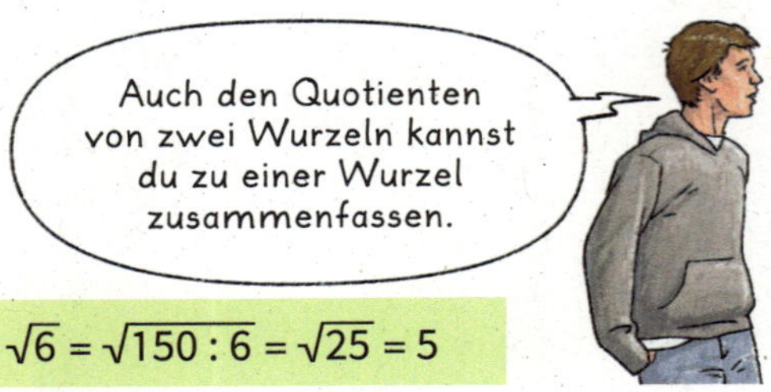

$\sqrt{150}:\sqrt{6}=\sqrt{150:6}=\sqrt{25}=5$

2 Fasse jeweils zu einer Wurzel zusammen und berechne.

a) $\sqrt{50}:\sqrt{2}=\sqrt{50:2}=\sqrt{\_\_\_\_}=\_\_\_\_$

$\sqrt{48}:\sqrt{3}=\sqrt{48:3}=\sqrt{\_\_\_\_}=\_\_\_\_$

b) $\sqrt{72}:\sqrt{2}=\sqrt{\_\_\_\_\_\_}=\_\_\_\_\_\_\_\_=\_\_\_\_$

$\sqrt{27}:\sqrt{3}=\sqrt{\_\_\_\_\_\_}=\_\_\_\_\_\_\_\_=\_\_\_\_$

c) $\sqrt{20}:\sqrt{5}=\_\_\_\_\_\_\_\_=\_\_\_\_\_\_\_\_=\_\_\_\_$

$\sqrt{63}:\sqrt{7}=\_\_\_\_\_\_\_\_=\_\_\_\_\_\_\_\_=\_\_\_\_$

d) $\sqrt{128}:\sqrt{2}=\_\_\_\_\_\_\_\_=\_\_\_\_\_\_\_\_=\_\_\_\_$

$\sqrt{486}:\sqrt{6}=\_\_\_\_\_\_\_\_=\_\_\_\_\_\_\_\_=\_\_\_\_$

3 Ziehe die Quadratwurzel aus den Brüchen.

$\sqrt{\frac{16}{25}}=\frac{\sqrt{16}}{\sqrt{25}}=\frac{4}{5}$

a) $\sqrt{\frac{4}{49}}=\frac{\sqrt{}}{\sqrt{}}=-$

$\sqrt{\frac{25}{81}}=\frac{\sqrt{}}{\sqrt{}}=-$

b) $\sqrt{\frac{9}{25}}=\_\_\_\_$

$\sqrt{\frac{81}{100}}=\_\_\_\_$

c) $\sqrt{\frac{100}{121}}=\_\_\_\_$

$\sqrt{\frac{4}{169}}=\_\_\_\_$

d) $\sqrt{\frac{9}{64}}=\_\_\_\_$

$\sqrt{\frac{121}{169}}=\_\_\_\_$

e) $\sqrt{\frac{36}{49}}=\_\_\_\_$

$\sqrt{\frac{49}{900}}=\_\_\_\_$

f) $\sqrt{\frac{144}{225}}=\_\_\_\_$

$\sqrt{\frac{256}{289}}=\_\_\_\_$

4 Fasse jeweils zu einer Wurzel zusammen und berechne.

$\sqrt{2} \cdot \sqrt{18} = \sqrt{2 \cdot 18} = \sqrt{36} = 6$ $\sqrt{54} : \sqrt{6} = \sqrt{54 : 6} = \sqrt{9} = 3$

a) $\sqrt{5} \cdot \sqrt{20} =$ ________ = ______ = ____
$\sqrt{2} \cdot \sqrt{72} =$ ________ = ______ = ____
$\sqrt{3} \cdot \sqrt{75} =$ ________ = ______ = ____

b) $\sqrt{98} : \sqrt{2} =$ ________ = ______ = ____
$\sqrt{242} : \sqrt{2} =$ ________ = ______ = ____
$\sqrt{28} : \sqrt{7} =$ ________ = ______ = ____

c) $\sqrt{7} \cdot \sqrt{28} =$ ________ = ______ = ____
$\sqrt{75} : \sqrt{3} =$ ________ = ______ = ____
$\sqrt{2} \cdot \sqrt{98} =$ ________ = ______ = ____

d) $\sqrt{147} : \sqrt{3} =$ ________ = ______ = ____
$\sqrt{80} \cdot \sqrt{5} =$ ________ = ______ = ____
$\sqrt{96} : \sqrt{6} =$ ________ = ______ = ____

5 Bestimme die Quadratwurzel wie im Beispiel. $\sqrt{\frac{121}{169}} = \frac{11}{13}$

a) $\sqrt{\frac{9}{100}} =$ ______
$\sqrt{\frac{64}{81}} =$ ______

b) $\sqrt{\frac{36}{49}} =$ ______
$\sqrt{\frac{81}{121}} =$ ______

c) $\sqrt{\frac{144}{625}} =$ ______
$\sqrt{\frac{196}{289}} =$ ______

d) $\sqrt{\frac{121}{196}} =$ ______
$\sqrt{\frac{169}{324}} =$ ______

e) $\sqrt{\frac{225}{529}} =$ ______
$\sqrt{\frac{576}{625}} =$ ______

6 Fasse jeweils zu einer Wurzel zusammen und berechne.

a) $\sqrt{200} \cdot \sqrt{0{,}5} =$ ____________________
$\sqrt{360} \cdot \sqrt{0{,}1} =$ ____________________
$\sqrt{0{,}5} \cdot \sqrt{50} =$ ____________________

b) $\sqrt{0{,}18} : \sqrt{2} =$ ____________________
$\sqrt{0{,}1} : \sqrt{10} =$ ____________________
$\sqrt{0{,}16} : \sqrt{4} =$ ____________________

c) $\sqrt{0{,}2} \cdot \sqrt{0{,}8} =$ ____________________
$\sqrt{0{,}5} \cdot \sqrt{32} =$ ____________________
$\sqrt{0{,}3} \cdot \sqrt{1{,}2} =$ ____________________

d) $\sqrt{0{,}98} \quad \sqrt{2} =$ ____________________
$\sqrt{0{,}48} : \sqrt{3} =$ ____________________
$\sqrt{0{,}64} : \sqrt{4} =$ ____________________

e) $\sqrt{20} \cdot \sqrt{180} =$ ____________________
$\sqrt{45} \cdot \sqrt{2000} =$ ____________________
$\sqrt{40} \cdot \sqrt{250} =$ ____________________

f) $\sqrt{10} : \sqrt{40} =$ ____________________
$\sqrt{144} : \sqrt{100} =$ ____________________
$\sqrt{2000} : \sqrt{500} =$ ____________________

D Dritte Wurzeln

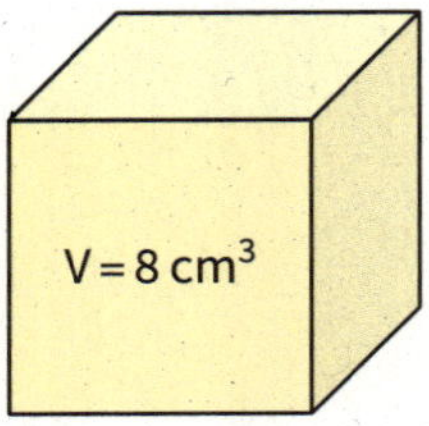

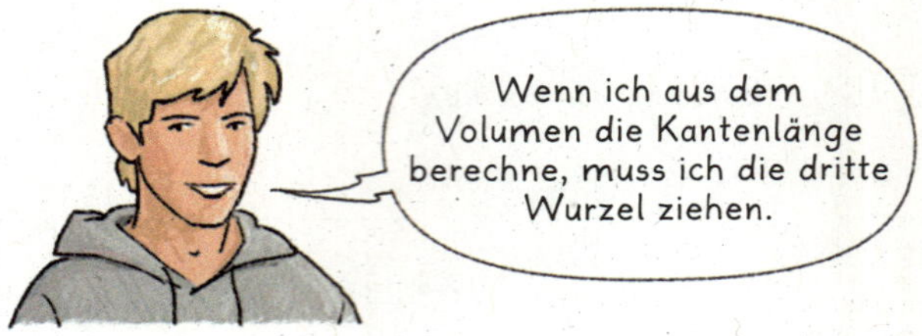

Die dritte Wurzel aus 8 ist die positive Zahl, die als dritte Potenz 8 ergibt.

$\sqrt[3]{8} = 2$, denn $2^3 = 2 \cdot 2 \cdot 2 = 8$

1 Gib die Kantenlänge a des abgebildeten Würfels an.

a)

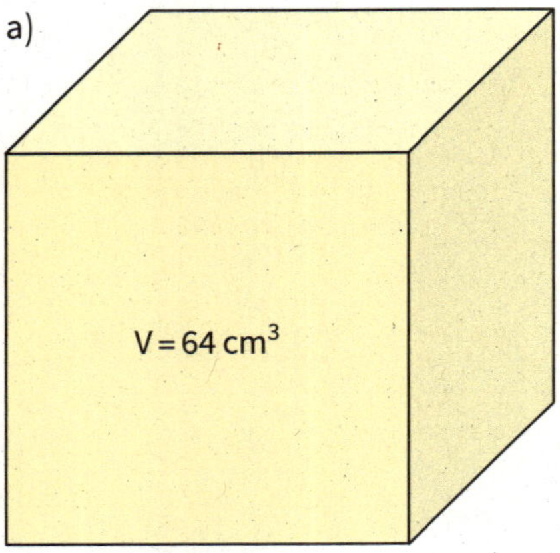

a = ______ cm

b)

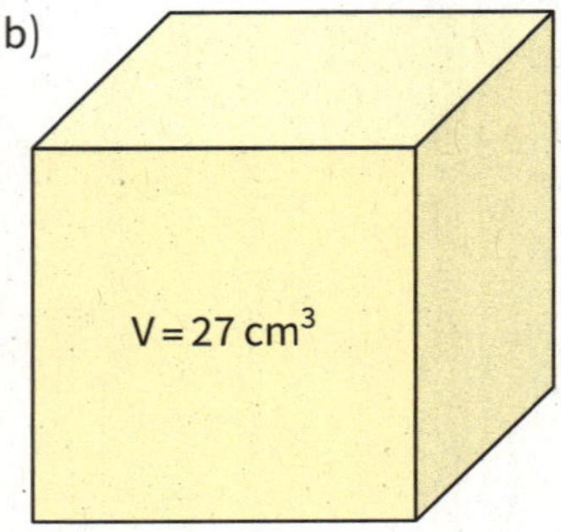

a = ______ cm

c)

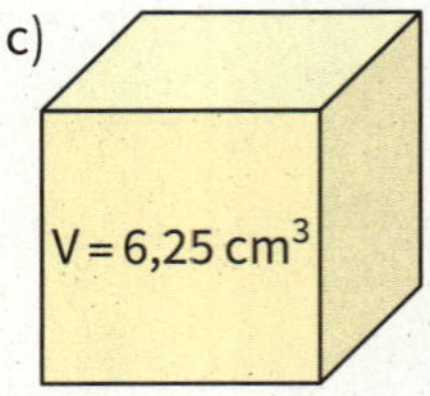

a = ______ cm

d)

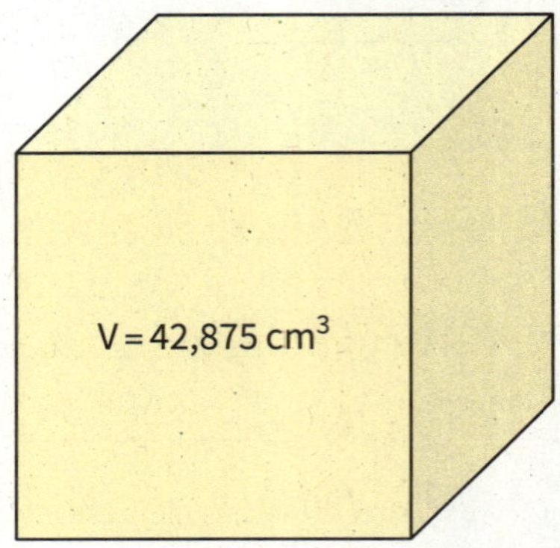

a = ______ cm

e) $V = 1\ cm^3$

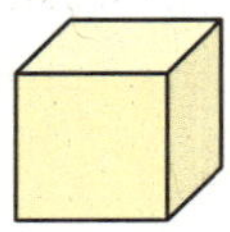

a = ______ cm

f) $V = 1{,}375\ cm^3$

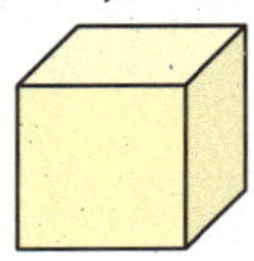

a = ______ cm

2 a) Vervollständige die Tabelle, indem du jeweils die Kubikzahl einträgst.

Zahl	1	2	3	4	5	6	7	8	9	10
Kubikzahl	1	8								1000

b) Gib jeweils die dritte Wurzel an. Verwende die Tabelle. $\sqrt[3]{27} = 3$, denn $3^3 = 27$

$\sqrt[3]{125}$ = ______, denn __________ = ________

$\sqrt[3]{512}$ = ______, denn __________ = ________

$\sqrt[3]{343}$ = ______, denn __________ = ________

$\sqrt[3]{1000}$ = ______, denn __________ = ________

$\sqrt[3]{216}$ = ______, denn __________ = ________

$\sqrt[3]{729}$ = ______, denn __________ = ________

3 Bestimme jeweils die dritte Wurzel wie in den Beispielen.

$\sqrt[3]{27} = 3$ $\sqrt[3]{27\,000} = 30$ $\sqrt[3]{27\,000\,000} = 300$

a) $\sqrt[3]{8}$ = ________

$\sqrt[3]{8000}$ = ________

$\sqrt[3]{8\,000\,000}$ = ________

b) $\sqrt[3]{1000}$ = ________

$\sqrt[3]{1\,000\,000}$ = ________

$\sqrt[3]{1\,000\,000\,000}$ = ________

c) $\sqrt[3]{64}$ = ________

$\sqrt[3]{64\,000}$ = ________

$\sqrt[3]{64\,000\,000}$ = ________

4 Bestimme jeweils die dritte Wurzel. Achte auf die Anzahl der Nachkommastellen.

$\sqrt[3]{\underbrace{0{,}064}_{}} = \underbrace{0{,}4}_{}$
3 Stellen nach dem Komma – 1 Stelle nach dem Komma

$\sqrt[3]{\underbrace{0{,}000027}_{}} = \underbrace{0{,}03}_{}$
6 Stellen nach dem Komma – 2 Stellen nach dem Komma

a) $\sqrt[3]{0{,}008} =$ ______
$\sqrt[3]{0{,}027} =$ ______

b) $\sqrt[3]{0{,}216} =$ ______
$\sqrt[3]{0{,}512} =$ ______

c) $\sqrt[3]{0{,}000064} =$ ______
$\sqrt[3]{0{,}000008} =$ ______

5 Ziehe aus jedem Bruch die dritte Wurzel. $\sqrt[3]{\frac{8}{125}} = \frac{\sqrt[3]{8}}{\sqrt[3]{125}} = \frac{2}{5}$

a) $\sqrt[3]{\frac{1}{27}} =$ ______
$\sqrt[3]{\frac{1}{64}} =$ ______

b) $\sqrt[3]{\frac{8}{27}} =$ ______
$\sqrt[3]{\frac{125}{216}} =$ ______

c) $\sqrt[3]{\frac{343}{1000}} =$ ______
$\sqrt[3]{\frac{125}{512}} =$ ______

6 Setze > oder < ein.

a) $\sqrt[3]{21}$ ☐ 3
$\sqrt[3]{30}$ ☐ 3
$\sqrt[3]{25}$ ☐ 3

b) $\sqrt[3]{70}$ ☐ 4
$\sqrt[3]{60}$ ☐ 4
$\sqrt[3]{65}$ ☐ 4

c) $\sqrt[3]{230}$ ☐ 6
$\sqrt[3]{220}$ ☐ 6
$\sqrt[3]{210}$ ☐ 6

7 Bestimme mithilfe des Taschenrechners Näherungswerte für die dritten Wurzeln. Runde auf zwei Stellen nach dem Komma.

a) $\sqrt[3]{70} \approx$ ______
$\sqrt[3]{42} \approx$ ______
$\sqrt[3]{88} \approx$ ______

b) $\sqrt[3]{80} \approx$ ______
$\sqrt[3]{95} \approx$ ______
$\sqrt[3]{55} \approx$ ______

c) $\sqrt[3]{204} \approx$ ______
$\sqrt[3]{288} \approx$ ______
$\sqrt[3]{304} \approx$ ______

d) $\sqrt[3]{789} \approx$ ______
$\sqrt[3]{655} \approx$ ______
$\sqrt[3]{811} \approx$ ______

Runden auf zwei Stellen nach dem Komma (auf Hundertstel):

$\sqrt[3]{23} = 2{,}8438 \ldots \approx$ ☐ $\sqrt[3]{56} = 3{,}8258 \ldots \approx$ ☐

h h
$2{,}84\boxed{3}8 \ldots \approx 2{,}84$ $3{,}82\boxed{5}8 \ldots \approx 3{,}83$

Die dritte Stelle nach dem Komma gibt an, ob auf- oder abgerundet wird.

$\sqrt[3]{23} \approx 2{,}84$ $\sqrt[3]{56} \approx 3{,}83$

8 Gib die beiden aufeinander folgenden natürlichen Zahlen an, zwischen denen die angegebene Kubikwurzel liegt.

a) ______ $< \sqrt[3]{50} <$ ______
______ $< \sqrt[3]{70} <$ ______
______ $< \sqrt[3]{100} <$ ______

b) ______ $< \sqrt[3]{200} <$ ______
______ $< \sqrt[3]{400} <$ ______
______ $< \sqrt[3]{600} <$ ______

c) ______ $< \sqrt[3]{170} <$ ______
______ $< \sqrt[3]{300} <$ ______
______ $< \sqrt[3]{500} <$ ______

d) ______ $< \sqrt[3]{900} <$ ______
______ $< \sqrt[3]{800} <$ ______
______ $< \sqrt[3]{650} <$ ______

1 Bestimme die Seitenlänge a des Quadrats, das denselben Flächeninhalt wie die abgebildete Figur hat. Entnimm die notwendigen Längen der Zeichnung.

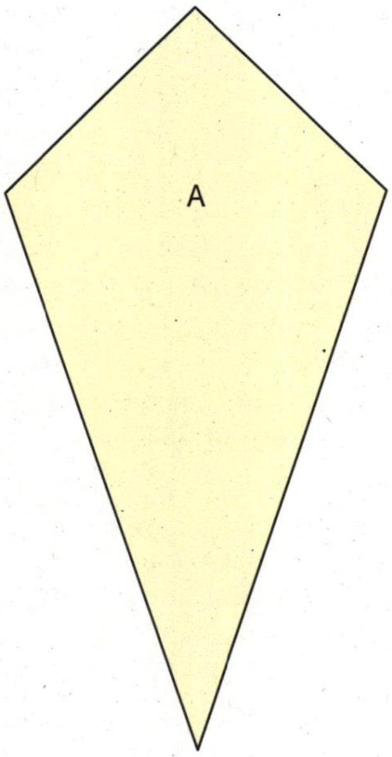

a = ______ cm

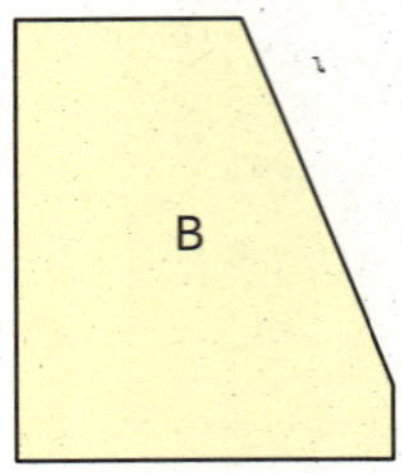

a = ______ cm

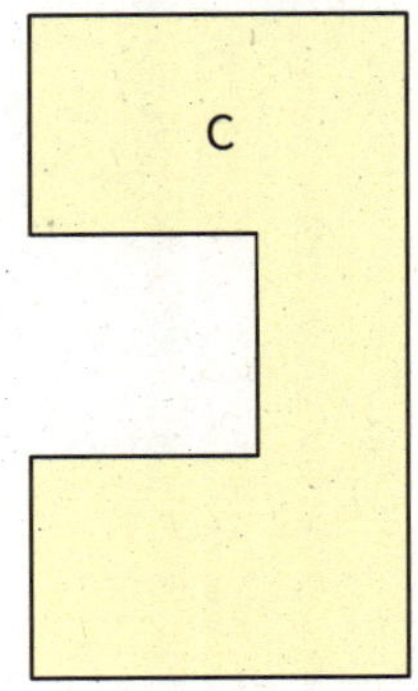

a = ______ cm

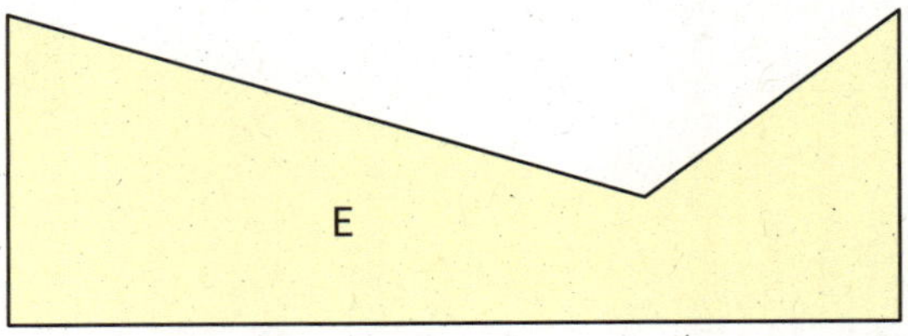

a = ______ cm

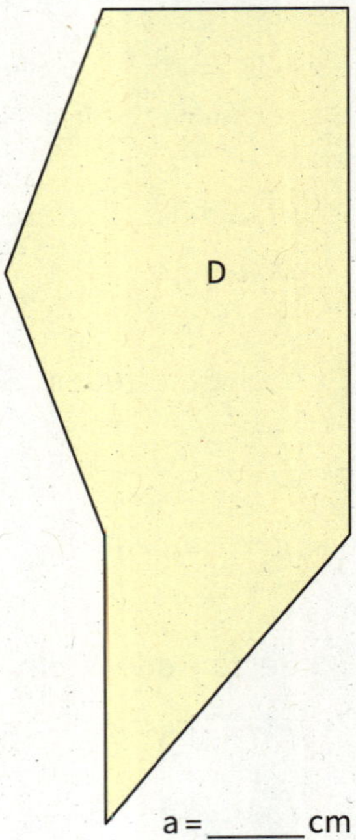

a = ______ cm

2 Bestimme die Kantenlänge a des Würfels, der dasselbe Volumen wie der Quader hat.

a)

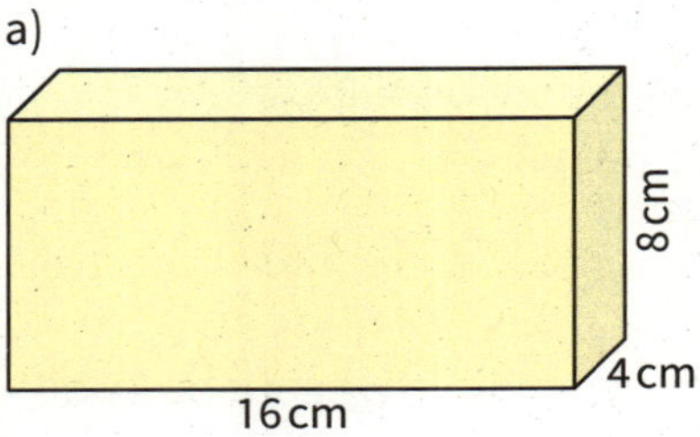

a = ______ cm

b)

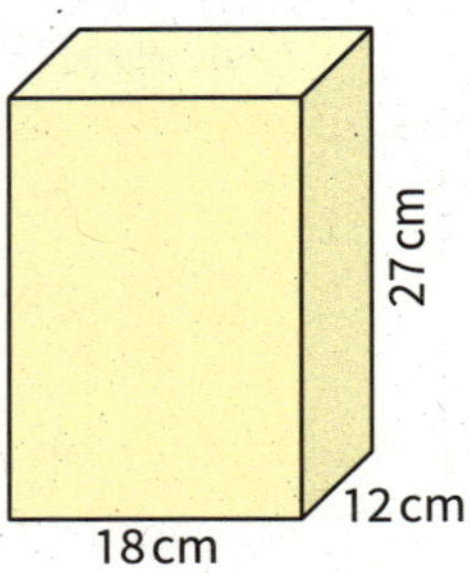

a = ______ cm

c)

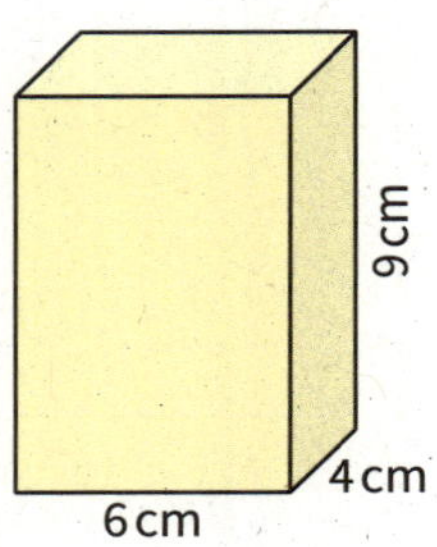

a = ______ cm

d)

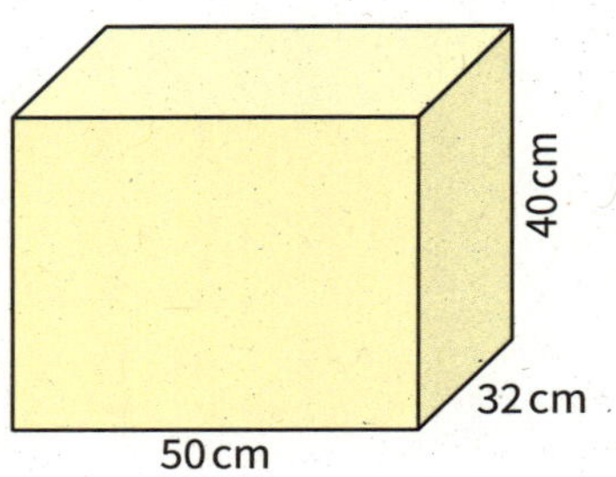

a = ______ cm

3 Bestimme die Kantenlänge a des Würfels, der dasselbe Volumen wie der abgebildete Körper hat.

a) a = ______ cm

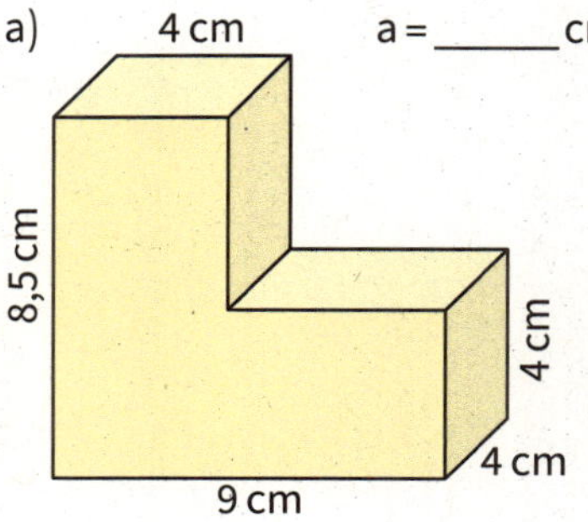

b) a = ______ cm

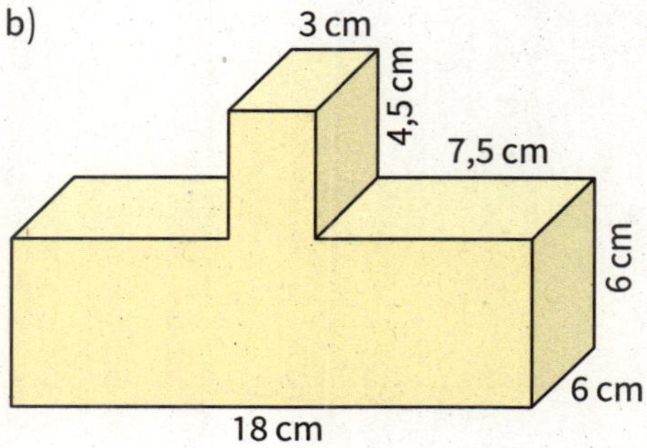

c)

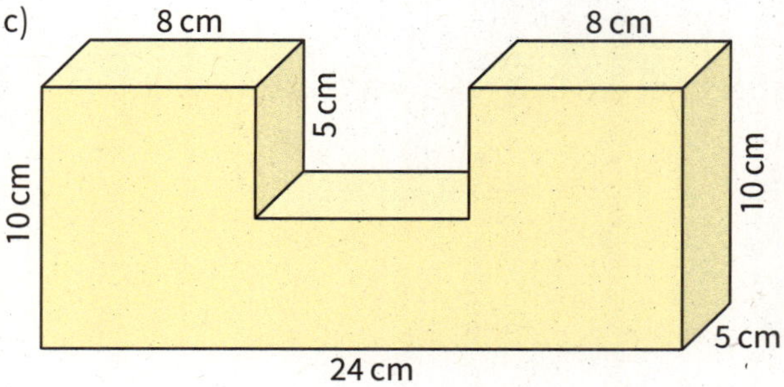

a = ______ cm

d)

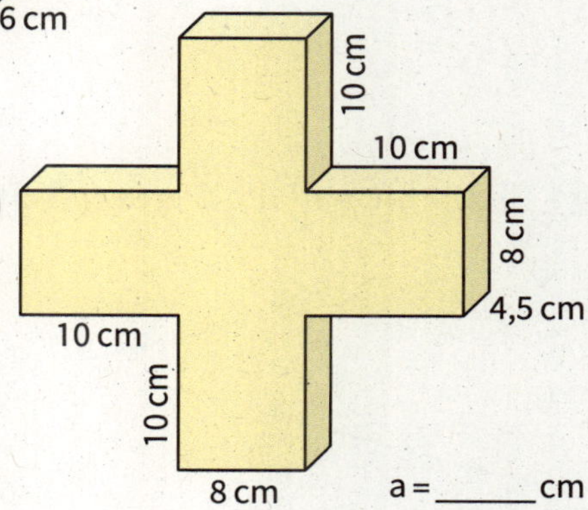

a = ______ cm

4 Gib die Seitenlängen des Rechtecks an.

a) Die Länge eines Rechtecks ist doppelt so groß wie die Breite. Der Flächeninhalt des Rechtecks beträgt 50 cm².

a = ______ cm b = ______ cm

b) Der Flächeninhalt eines Rechtecks beträgt 72 cm². Eine Seite des Rechtecks ist halb so lang wie die andere.

a = ______ cm b = ______ cm

c) Bei einem Rechteck mit einem Flächeninhalt von 80 cm² ist eine Seite fünf Mal so lang wie die andere.

a = ______ cm b = ______ cm

d) Eine Seite eines Rechtecks ist acht Mal so lang wie die andere. Der Flächeninhalt des Rechtecks beträgt 200 cm².

a = ______ cm b = ______ cm

e) Eine Seite eines Rechtecks ist 5 cm länger als die andere. Der Flächeninhalt des Rechtecks beträgt 50 cm².

a = ______ cm b = ______ cm

Diagnosetest 2

A Der Satz des Pythagoras

1 Bestimme in dem abgebildeten Dreieck zunächst die Lage des rechten Winkels.
Formuliere anschließend für das Dreieck den Satz des Pythagoras als Gleichung.

a)

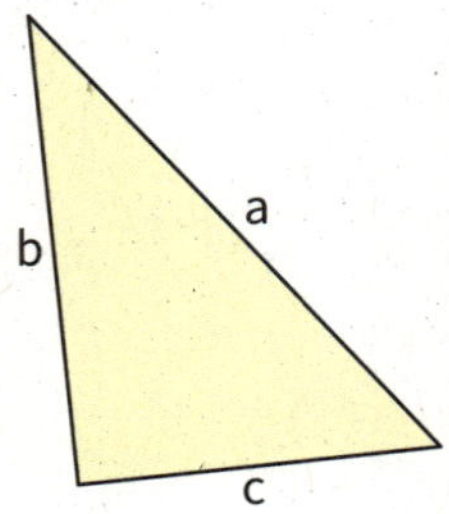

b)

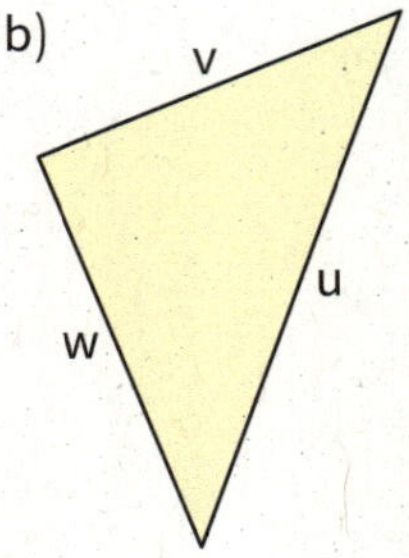

c)

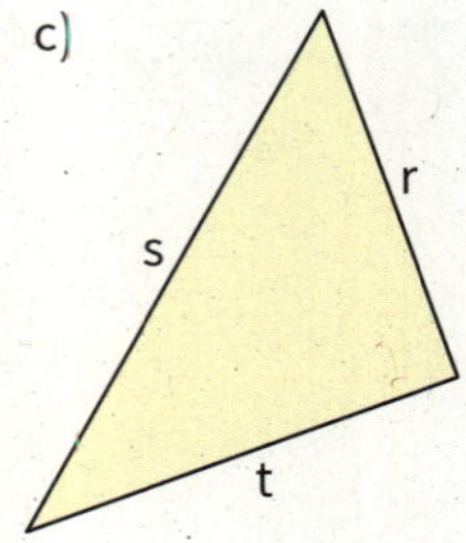

________________ ________________ ________________

2 Überprüfe mithilfe des Satzes des Pythagoras, ob die abgebildeten Dreiecke rechtwinklig sind.

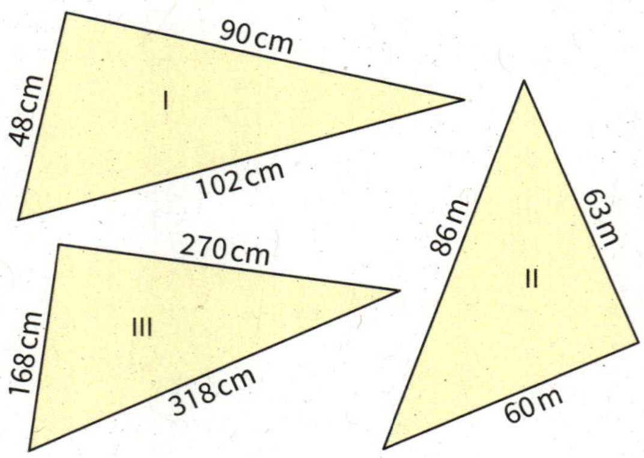

I: ________________ II: ________________ III: ________________

B Berechnungen im rechtwinkligen Dreieck

1 Berechne in dem Dreieck ABC die fehlende Seitenlänge.

a)

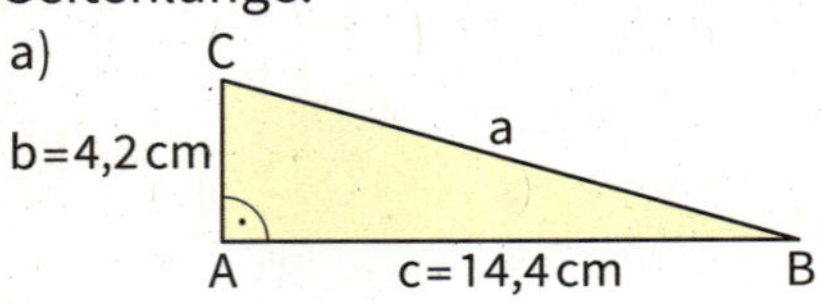

b)

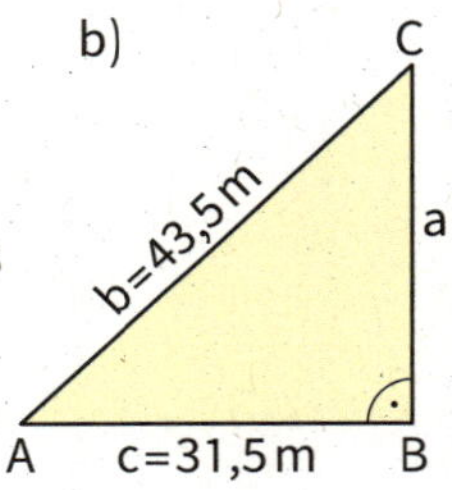

a = ________________ a = ________________

2 Berechne die fehlende Seitenlänge in dem Dreieck ABC.

a) $b = 12{,}6$ cm; $c = 17{,}4$ cm; $\gamma = 90°$ b) $a = 7{,}70$ m; $c = 18{,}48$ m; $\beta = 90°$

a = ________________ b = ________________

C Berechnungen in ebenen Figuren

1 Berechne den Flächeninhalt A des abgebildeten Rechtecks ABCD.

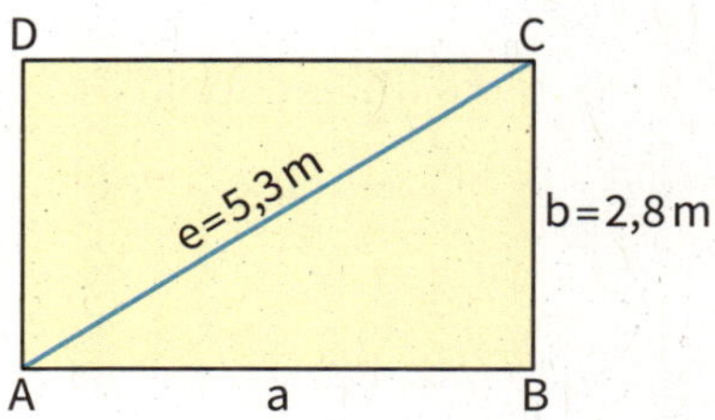

A = ______________

2 Berechne den Umfang u der abgebildeten Figur.

a)

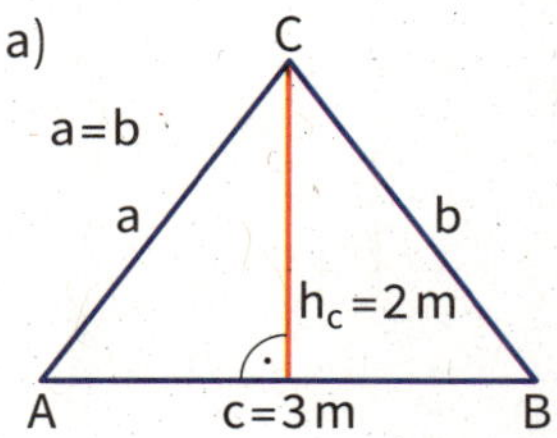

u = ______________

b)

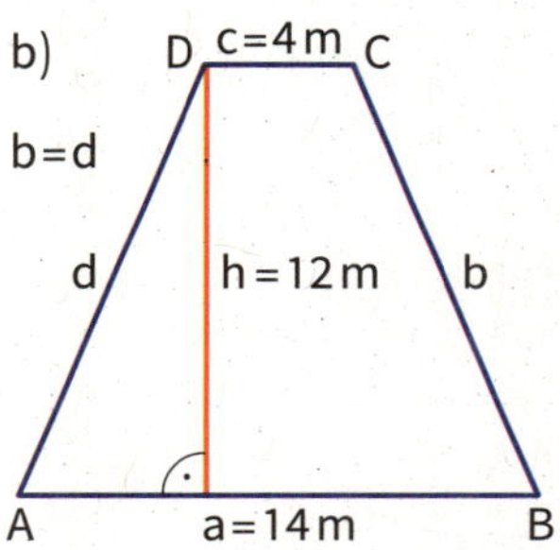

u = ______________

D Sachaufgaben zum Satz des Pythagoras

1 Eine Leiter wird 1,05 m von einer Hauswand entfernt aufgestellt. Welche Länge hat die Leiter, wenn sie in 3,60 m Höhe an der Wand anliegt?

Antwort: ______________________________

2 Das abgebildete Haus wird neu eingedeckt. Für wie viel Quadratmeter Dachfläche müssen Dachziegel eingekauft werden?

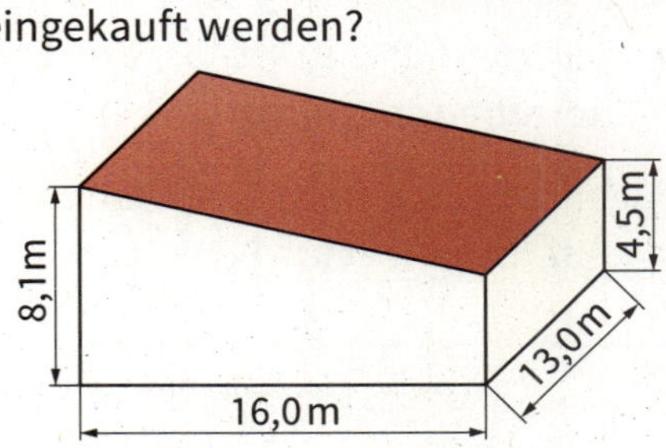

Antwort: ______________________________

Kreuze deine richtigen Ergebnisse an.

A Der Satz des Pythagoras

1 a) $b^2 + c^2 = a^2$ ☐   b) $v^2 + w^2 = u^2$ ☐   c) $r^2 + t^2 = s^2$ ☐

2 Dreieck I: rechtwinklig ☐   Dreieck II: nicht rechtwinklig ☐   Dreieck III: rechtwinklig ☐

B Berechnungen im rechtwinkligen Dreieck

1 a) a = 15,0 cm ☐   b) a = 30,0 m ☐

2 a) a = 12,0 cm ☐   b) b = 20,02 m ☐

C Berechnungen in ebenen Figuren

1 A = 12,6 m² (a = 4,5 m) ☐   2a) u = 8 m (b = a = 2,5 m) ☐   b) u = 44 m (b = d = 13 m) ☐

D Sachaufgaben

1 Die Leiter ist 3,75 m lang. ☐

2 Für eine 213,20 m² große Fläche müssen Dachziegeln eingekauft werden. ☐

Tabelle zur Selbsteinschätzung

Kreuze für jedes Teilthema das Feld an, das nach deiner Einschätzung für dich zutrifft. Die Seitenangabe in dem angekreuzten Feld nennt dir dann die Seite, auf der du weiterarbeiten solltest.

Teilthemen	Ich hatte bei fast allen Aufgaben Schwierigkeiten.	Ich hatte bei einigen Aufgaben Schwierigkeiten.	Ich hatte bei allen Aufgaben keine Schwierigkeiten
A	☐ Seite 19	☐ Seite 20	☐ Seite 27
B	☐ Seite 21	☐ Seite 22	☐ Seite 27
C	☐ Seite 23	☐ Seite 24	☐ Seite 27
D	☐ Seite 25	☐ Seite 26	☐ Seite 27

1 a) Kennzeichne in dem abgebildeten Dreieck zunächst den rechten Winkel durch einen Winkelbogen. Ergänze anschließend die Tabelle.

Rechtwinkliges Dreieck

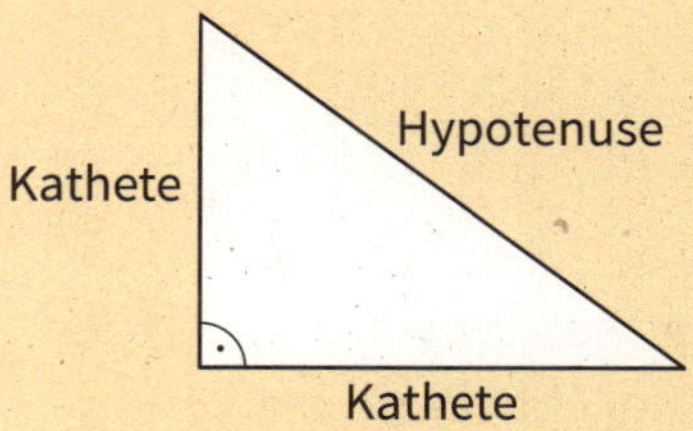

Satz des Pythagoras

In jedem rechtwinkligen Dreieck haben die beiden Kathetenquadrate zusammen den gleichen Flächeninhalt wie das Hypotenusenquadrat.

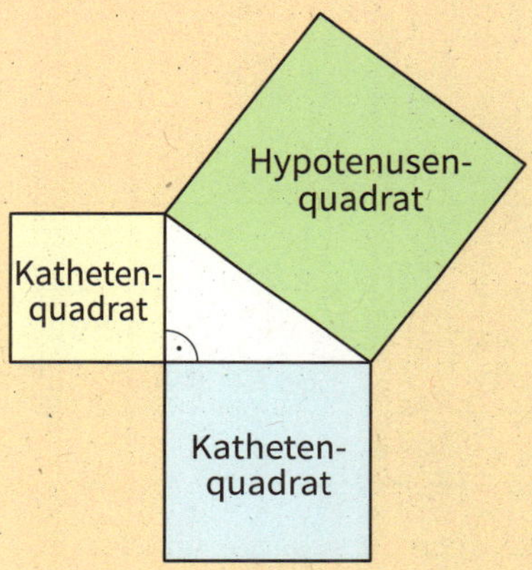

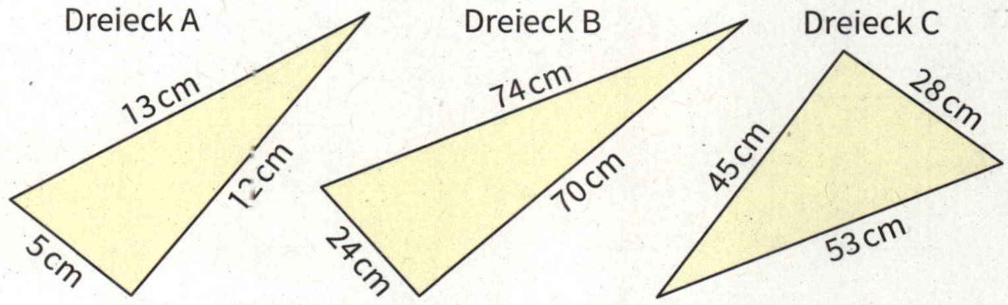

Dreieck	Flächeninhalte der Kathetenquadrate (cm^2)	Flächeninhalt des Hypotenusenquadrats (cm^2)
A	$5 \cdot 5 = 25$ $12 \cdot 12 =$	
B		
C		

b) Für das Dreieck A ist der Satz des Pythagoras als Gleichung eingetragen. Wenn alle Längen in derselben Einheit angegeben sind, kannst du beim Aufstellen der Gleichung auf die Einheiten verzichten. Ergänze die Tabelle.

Dreieck A	$5 \cdot 5 + 12 \cdot 12 = 13 \cdot 13$ $5^2 \quad +$
Dreieck B	
Dreieck C	

2 Formuliere für das abgebildete Dreieck wie im Beispiel zunächst den Satz des Pythagoras als Gleichung mithilfe der Seitenbezeichnungen.

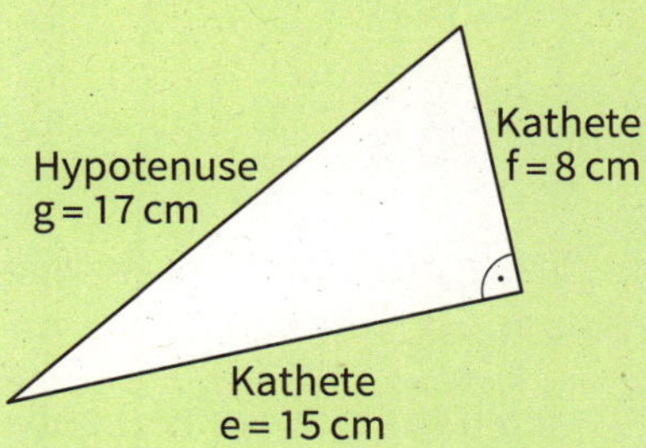

$e^2 + f^2 = g^2$

$15^2 + 8^2 = 17^2$

$225 + 64 = 289$

a)

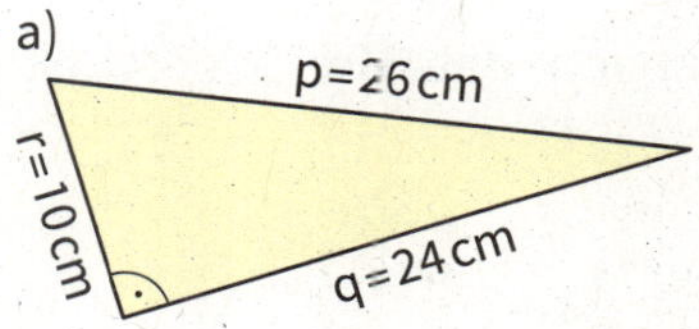

b)

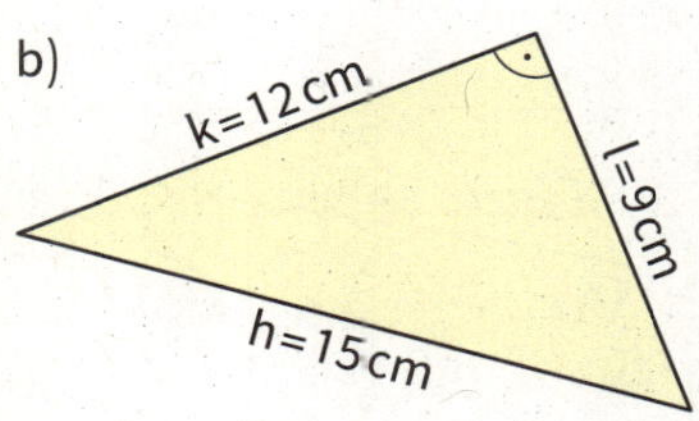

c)

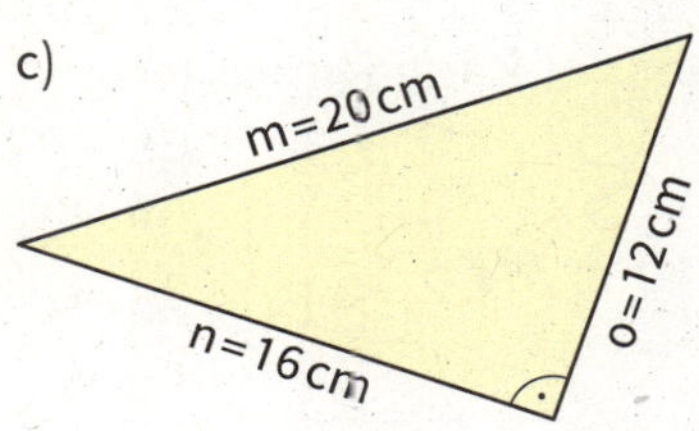

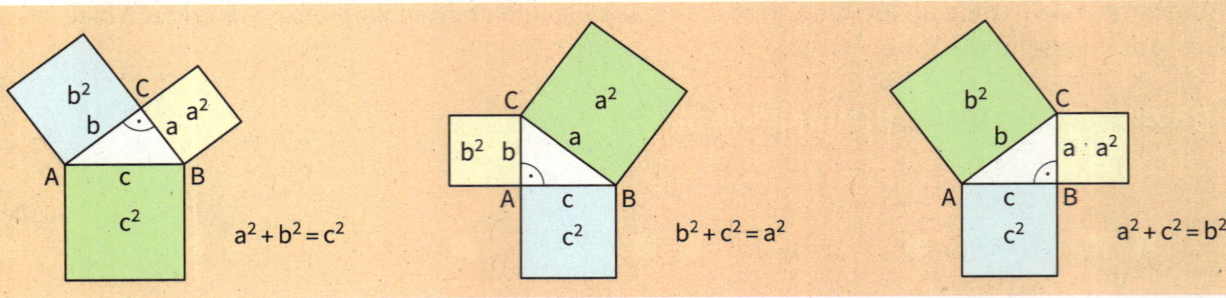

3 Das abgebildete Dreieck ist rechtwinklig. Kennzeichne zunächst den rechten Winkel durch einen Winkelbogen und formuliere den Satz des Pythagoras als Gleichung. Miss anschließend die Seitenlängen und ergänze die Tabelle.

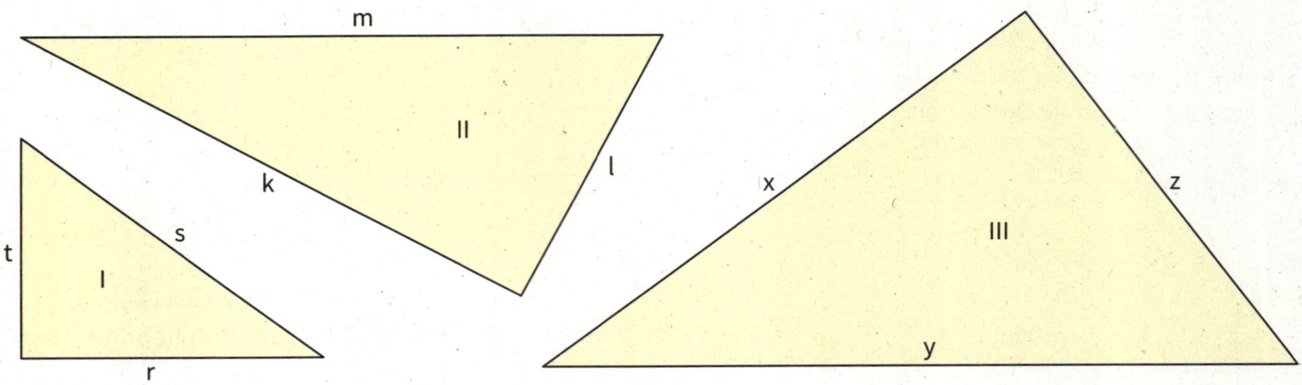

Dreieck	Satz des Pythagoras als Gleichung	Längen der Katheten (cm)	Länge der Hypotenuse (cm)	Satz des Pythagoras als Gleichung
I	$t^2 + r^2 = s^2$			$3^2 +$
II				
III				

4 Überprüfe wie im Beispiel, ob das abgebildete Dreieck rechtwinklig ist.

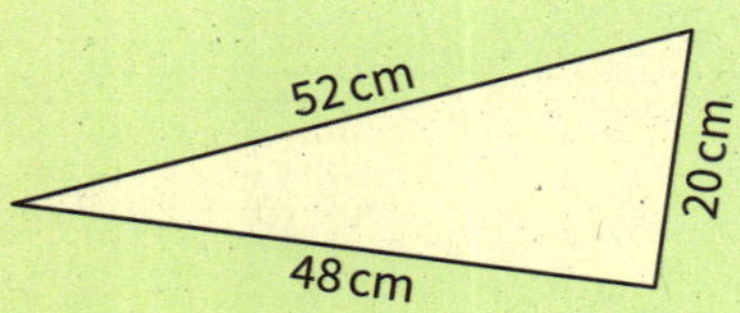

$20^2 + 48^2 = 52^2$
$400 + 2304 = 2704$
$2704 = 2704$ **w**
Das Dreieck ist rechtwinklig.

a)
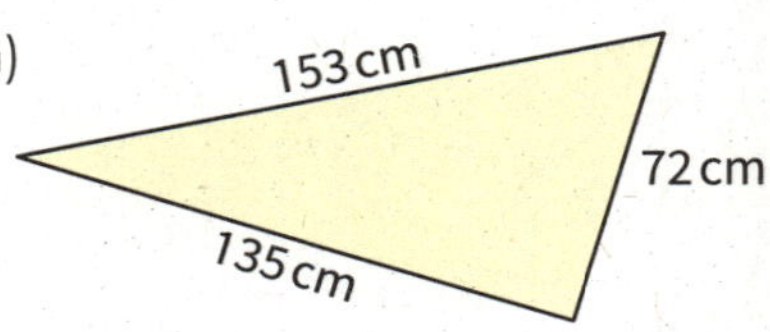

b)
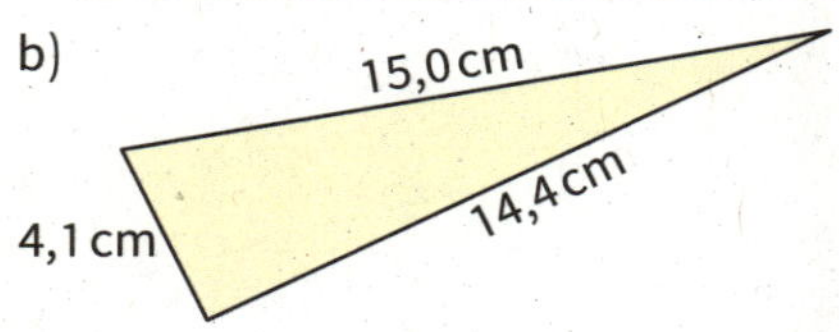

c)
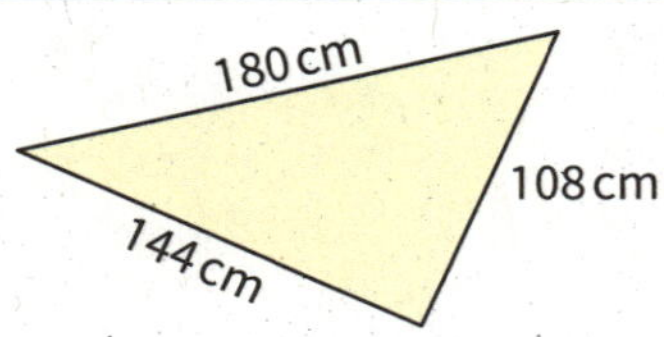

1 Berechne in dem Dreieck ABC die Länge der Hypotenuse. Kennzeichne dafür in dem Dreieck zunächst den rechten Winkel durch einen Winkelbogen. Formuliere anschließend den Satz des Pythagoras als Gleichung.

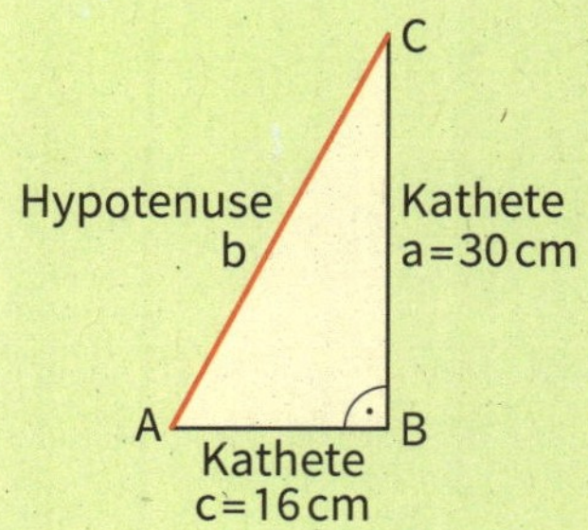

Gegeben: Kathete a = 30 cm
Kathete c = 16 cm

Gesucht: Hypotenuse b

Gleichung: $a^2 + c^2 = b^2$

$30^2 + 16^2 = b^2$

$b^2 = 30^2 + 16^2$

$b = \sqrt{30^2+16^2}$

$b = 34$

Die Hypotenuse b ist 34 cm lang.

a)

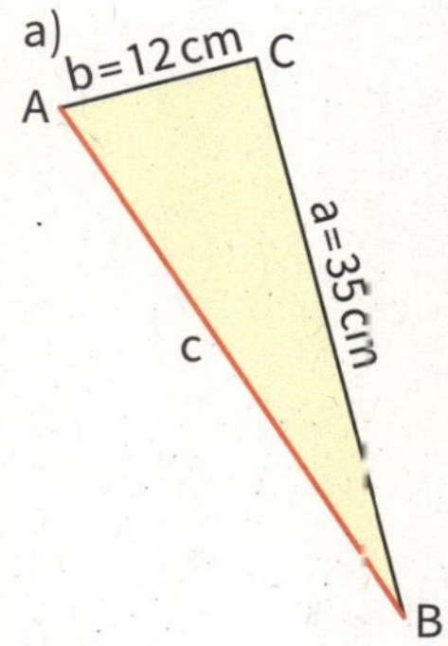

b)

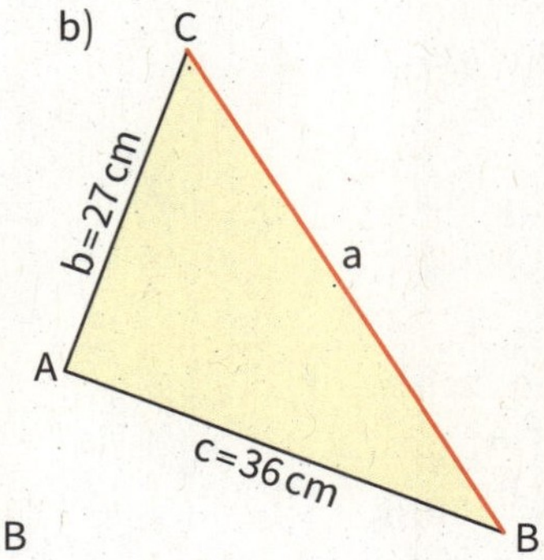

c)

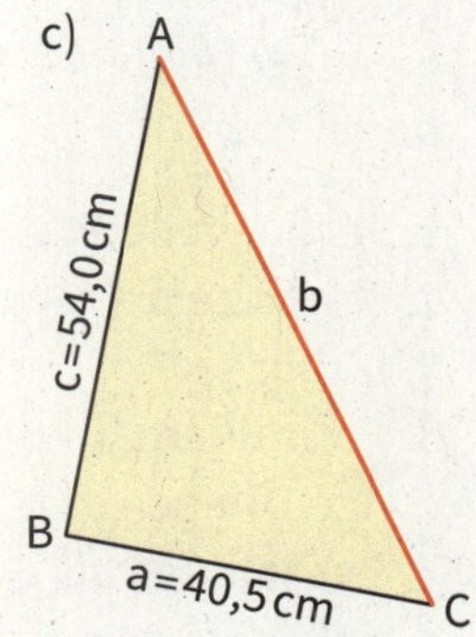

Gleichung: ______________ Gleichung: ______________ Gleichung: ______________

c = ______________ a = ______________ b = ______________

2 Bestimme in dem Dreieck ABC die Länge einer Kathete. Notiere wie im Beispiel zunächst eine Gleichung. Stelle anschließend die Gleichung nach der gesuchten Größe um.

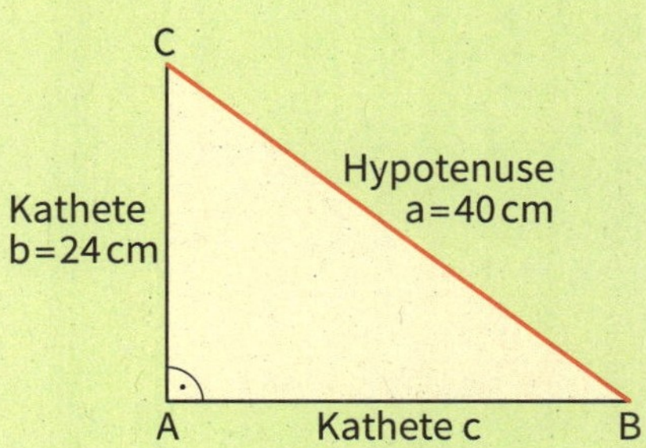

Gegeben: Hypotenuse a = 40 cm
Kathete b = 24 cm

Gesucht: Kathete c

Gleichung: $b^2 + c^2 = a^2$

$24^2 + c^2 = 40^2 \quad | -24^2$

$c^2 = 40^2 - 24^2$

$c = \sqrt{40^2 - 24^2}$

$c = 32$

Die Kathete c = 32 cm lang.

a)

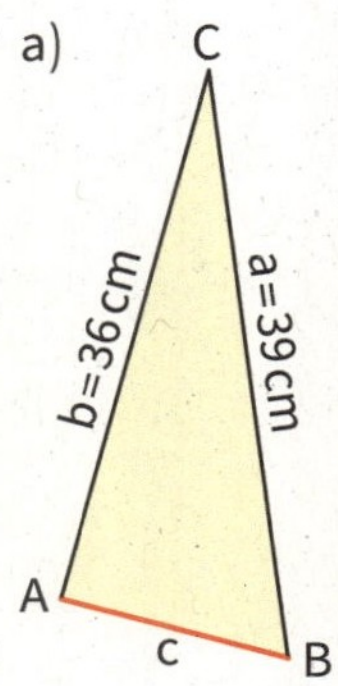

b)

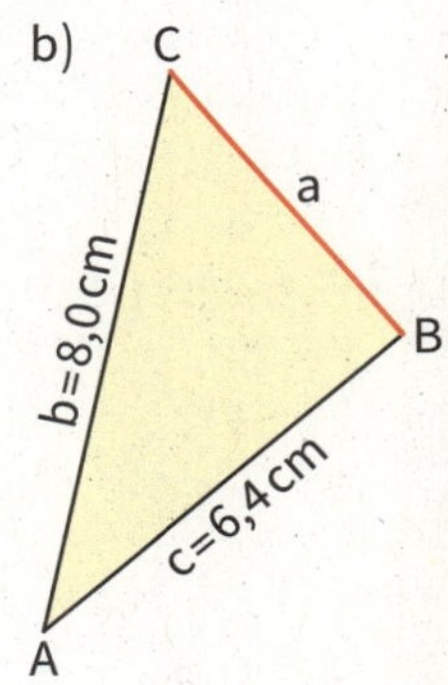

c)

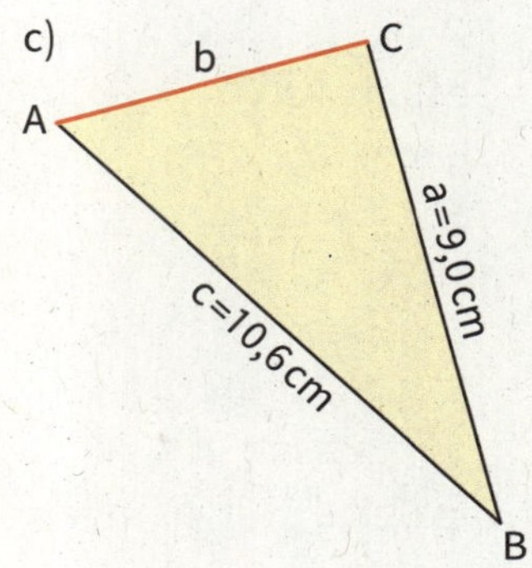

Gleichung: ______________ Gleichung: ______________ Gleichung: ______________

c = ______________ a = ______________ b = ______________

3 Berechne die fehlende Seitenlänge in dem Dreieck ABC mit den gegebenen Größen.

So kannst du mithilfe des Pythagoras die fehlende Seitenlänge eines rechtwinkligen Dreiecks berechnen:

1. Fertige eine Planfigur an.
2. Markiere die Hypotenuse farbig.
3. Formuliere für das rechtwinklige Dreieck den Satz des Pythagoras als Gleichung.
4. Setze die gegebenen Größen ein und stelle, wenn notwendig, die Gleichung nach der gesuchten Länge um.

In dem Dreieck ABC mit b = 104 m, c = 96 m und $\beta = 90°$ wird die fehlende Seitenlänge berechnet.

Planfigur:

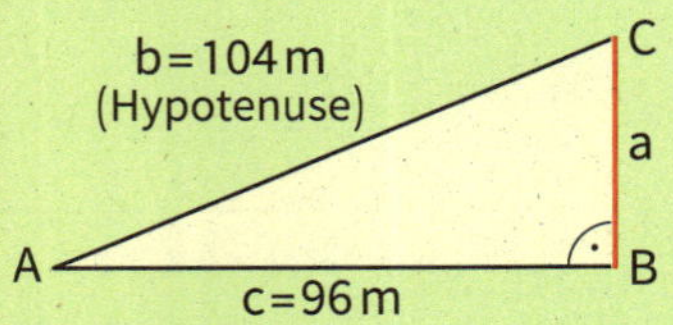

Gegeben: b = 104 m
c = 96 m
$\beta = 90°$

Gesucht: a

Gleichung:

$a^2 + c^2 = b^2$

$a^2 + 96^2 = 104^2 \quad | -96^2$

$a^2 = 104^2 - 96^2$

$a = \sqrt{104^2 - 96^2}$

$a = 40$

Die Seite a ist 40 m lang.

a) a = 51 cm; c = 45 cm; $\alpha = 90°$

Planfigur:

Gleichung: ____________ b = ____________

b) b = 52,5 m; c = 72,5 m; $\gamma = 90°$

Planfigur:

Gleichung: ____________ a = ____________

c) a = 37,40 m; c = 89,76 m; $\beta = 90°$

Planfigur:

Gleichung: ____________ b = ____________

4 Berechne die fehlende Seitenlänge in dem Dreieck ABC.

a) a = 20,0 cm; c = 42,5 cm; $\gamma = 90°$

b = ____________

b) b = 256 m; c = 192 m; $\alpha = 90°$

a = ____________

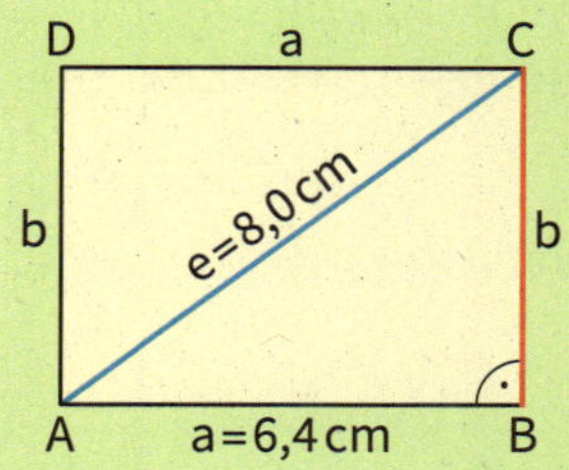

Gegeben: $a = 6{,}4$ cm

$e = 8{,}0$ cm

Gesucht: b

Gleichung: $a^2 + b^2 = e^2$

$$6{,}4^2 + b^2 = 8{,}0^2 \quad | -6{,}4^2$$
$$b^2 = 8{,}0^2 - 6{,}4^2$$
$$b = \sqrt{8{,}0^2 - 6{,}4^2}$$
$$b = 4{,}8$$

Die Seite b ist 4,8 cm lang.

1 a) Berechne mithilfe des Satzes des Pythagoras in dem abgebildeten Rechteck ABCD die Länge der Seite a.

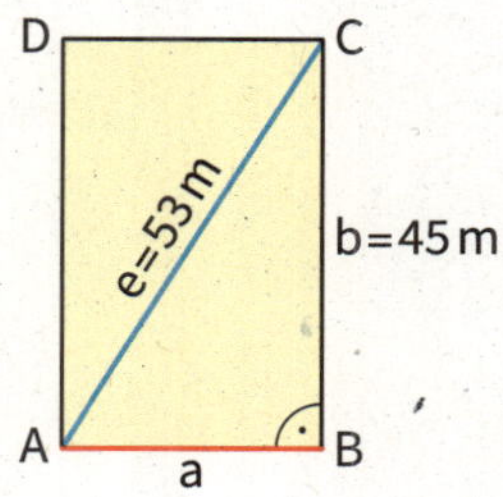

Gleichung: ____________________

b) Bestimme in dem Rechteck ABCD mit $a = 96$ cm und $e = 100$ cm zunächst die Länge der Seite b. Berechne anschließend den Flächeninhalt des Rechtecks.

Gleichung:

____

b = ____________________

A = ____________________

2 a) Berechne in dem gleichschenkligen Dreieck ABC ($a = b$) mit $a = 68$ cm und $h_c = 60$ cm die Länge der Seite c.

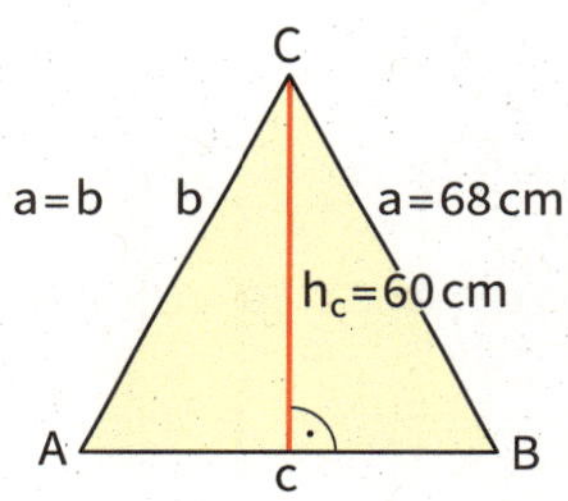

Gleichung:

$(h_c)^2 + \left(\frac{c}{2}\right)^2 = a^2$

c = ____________________

b) Berechne in dem gleichschenkligen Dreieck ABC ($a = b$) mit $a = 17$ cm und $c = 16$ cm den Flächeninhalt A. Bestimme zunächst die Größe der Höhe h_c.

Planfigur:

Gleichung:

____

h_c = ____________________

A = ____________________

3 Bestimme die Länge der Diagonalen e des abgebildeten Quadrats. Runde auf zwei Stellen nach dem Komma.

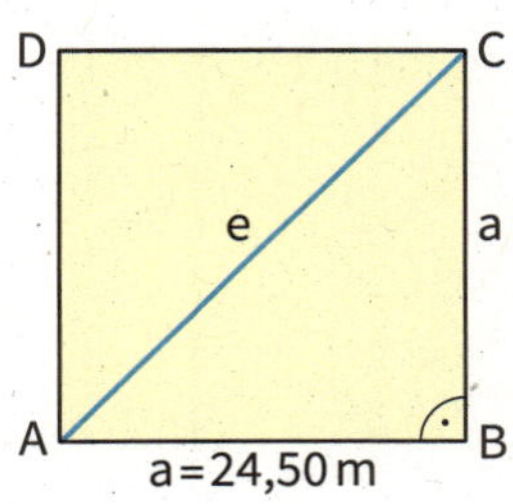

Gleichung:

____

e ≈ ____________________

4 a) Der Flächeninhalt A des Trapezes ABCD mit a = 76 m, b = 37 m und c = 64 m soll bestimmt werden. In dem Trapez wird zunächst durch die eingezeichnete Höhe h das rechtwinklige Dreieck EBC gebildet. Anschließend wird mithilfe des Satzes des Pythagoras die Höhe h berechnet.

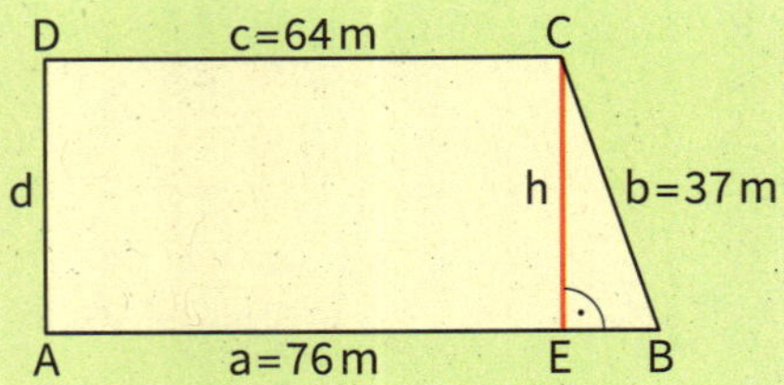

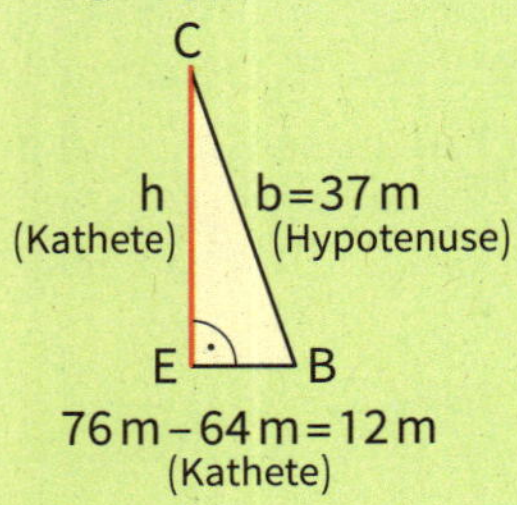

Gleichung: $h^2 + 12^2 = 37^2$

$h^2 + 12^2 = 37^2 \quad | -12^2$

$h^2 = 37^2 - 12^2$

$h = \sqrt{37^2 - 12^2}$

$h = 35$

Die Höhe h beträgt 35 m.

Bestimme den Flächeninhalt und den Umfang des Trapezes.

A = ____________ u = ____________

b) Berechne den Flächeninhalt A und den Umfang u des abgebildeten Trapezes ABCD.

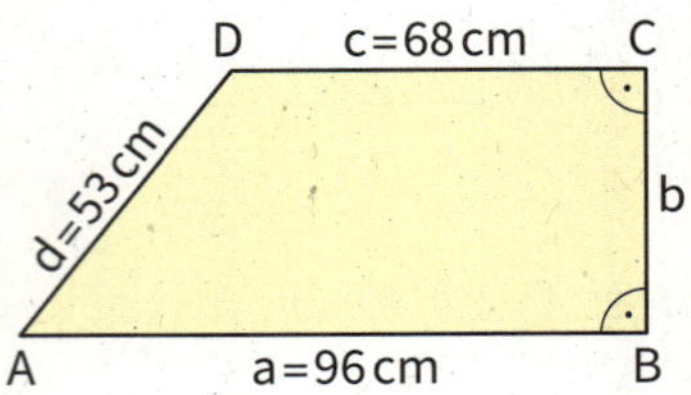

A = ____________

u = ____________

5 Berechne den Flächeninhalt A und den Umfang u des gleichschenkligen Trapezes ABCD (b = d) mit a = 153,60 m, b = 81,60 m und c = 76,8 m.

Planfigur:

A = ____________ u = ____________

6 Berechne den Flächeninhalt A und den Umfang u der Raute ABCD mit e = 16,8 cm und f = 22,4 cm. Zeichne in die Planfigur zunächst die Diagonalen ein. Beschrifte die Planfigur.

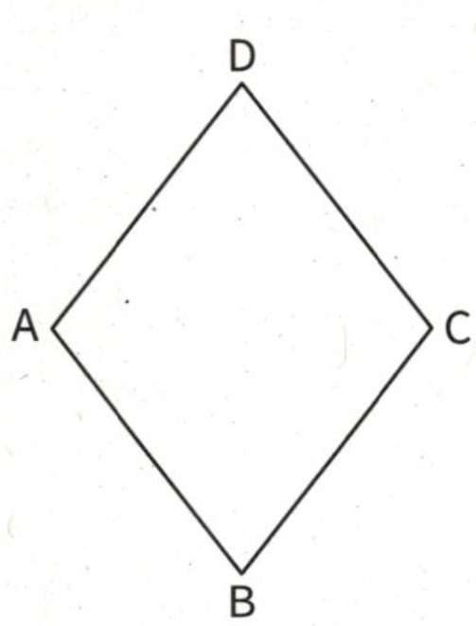

A = ____________ u = ____________

Beantworte vor jeder Berechnung diese Fragen:

1. Lässt sich zu der Sachaufgabe ein rechtwinkliges Dreieck als Planfigur zeichnen?
2. Kommen in diesem rechtwinkligen Dreieck zwei gegebene Seitenlängen und die gesuchte Seitenlänge vor?

Ein 45 m langes Stahlseil ist in einer Höhe von 27 m an einem Sendemast befestigt. In dem Beispiel wird berechnet, in welcher Entfernung vom Fußpunkt des Mastes das Seil im Erdboden verankert ist.

Planfigur:

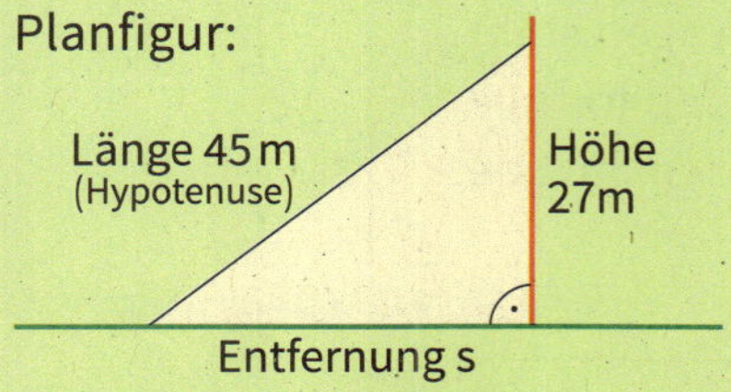

Gleichung: $s^2 + 27^2 = 45^2$

$$s^2 + 27^2 = 45^2 \qquad | -27^2$$
$$s^2 = 45^2 - 27^2$$
$$s = \sqrt{45^2 - 27^2}$$
$$s = 36$$

Die Entfernung s beträgt 36 m.

1 a) An einem Sendemast ist in 22,50 m Höhe ein 26,50 m langes Stahlseil befestigt. Wie viele Meter vom Fußpunkt des Mastes entfernt ist das Seil im Erdboden verankert?
Beschrifte zunächst die abgebildete Planfigur und formuliere für das rechtwinklige Dreieck den Satz des Pythagoras als Gleichung.

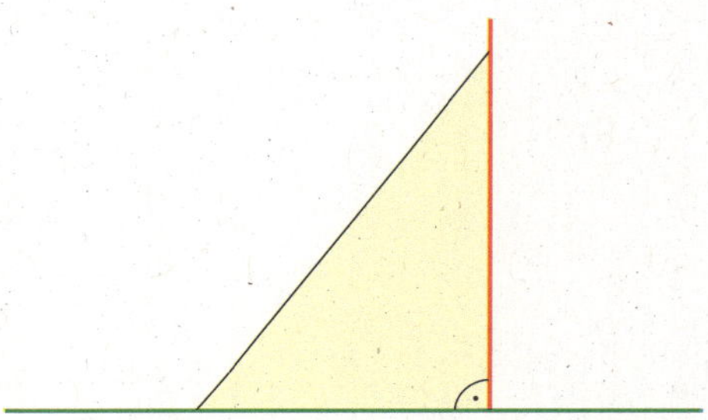

Gleichung: ____________________

Antwort: ____________________

b) Ein 62,40 m langes Seil ist 24,00 m von einem Mast entfernt im Boden verankert.
In welcher Höhe ist das Seil am Mast befestigt?

Gleichung: ____________________

Antwort: ____________________

2 Die Dachrinne eines Gebäudes muss repariert werden. Eine Leiter wird 1,40 m von der Hauswand entfernt aufgestellt. Welche Länge hat die Leiter, wenn sie in 4,80 m Höhe an der Wand anliegt?

Planfigur:

Gleichung: ____________________

Antwort: ____________________

3 Die Feuerwehr will mithilfe einer Leiter ein 20,40 m hoch gelegenes Fenster erreichen. Sie stellt die Leiter 5,60 m von der Hauswand entfernt auf.
Wie weit muss die Leiter ausgefahren werden, wenn sie auf einem 1,20 m hohen Wagen steht?
Fertige zunächst eine Planfigur an und formuliere für das rechtwinklige Dreieck den Satz des Pythagoras als Gleichung.

Antwort: ______________________________

____

Planfigur:

Gleichung:

____

4 Das abgebildete Haus wird mit Dachziegeln eingedeckt. Für wie viel Quadratmeter Dachfläche müssen Dachziegel eingekauft werden? Fertige zunächst eine Planfigur an.

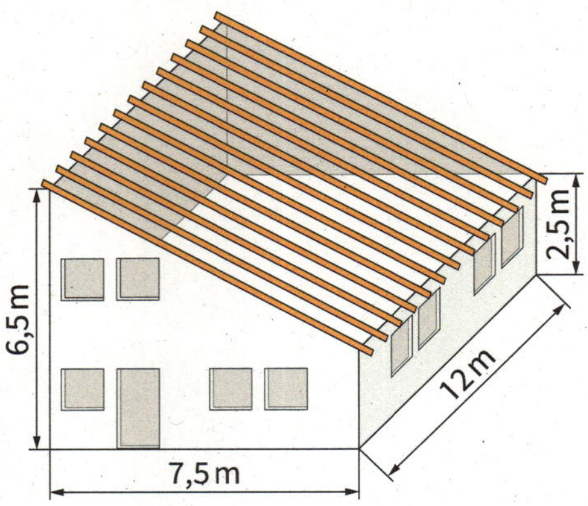

Planfigur:

Gleichung: ______________________________

Antwort: ______________________________

5 Eine Seilbahn verbindet die beiden Punkte A und B. Die Entfernung der beiden Punkte beträgt auf der Karte 12 cm (Maßstab 1 : 25 000). Der Punkt A liegt 1200 m, Punkt B liegt 2800 m hoch. Wie lang muss das Seil zwischen den Punkten A und B mindestens sein? Ergänze zunächst die Tabelle.

Maßstab 1 : 25 000	
Länge auf der Karte	Länge in Wirklichkeit
1 cm	1 cm · 25 000 = ________ cm = ________ m
12 cm	

Planfigur:

Gleichung: ______________________________

Antwort: ______________________________

1 Die abgebildete Giebelwand soll einen neuen Anstrich erhalten.

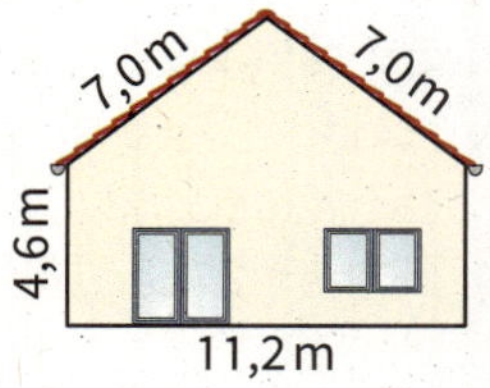

Flächeninhalt von Tür und Fenster: **7,5 m²**

Wie viel Quadratmeter Fläche müssen insgesamt gestrichen werden?

Antwort: ______________________________

____

2 Aus einer kreisförmigen Baumscheibe ($d = 58$ cm) soll eine möglichst große quadratische Holzplatte gesägt werden.

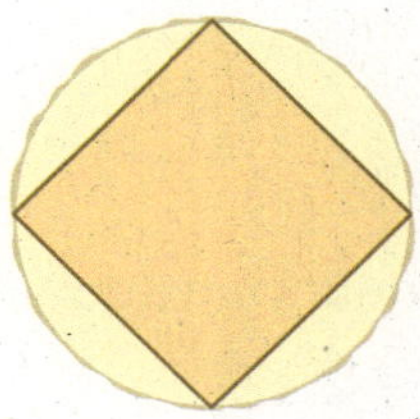

Welchen Inhalt hat die quadratische Fläche?

Antwort: ______________________________

____

3 Das abgebildete Turmdach hat die Form einer Pyramide mit quadratischer Grundfläche.

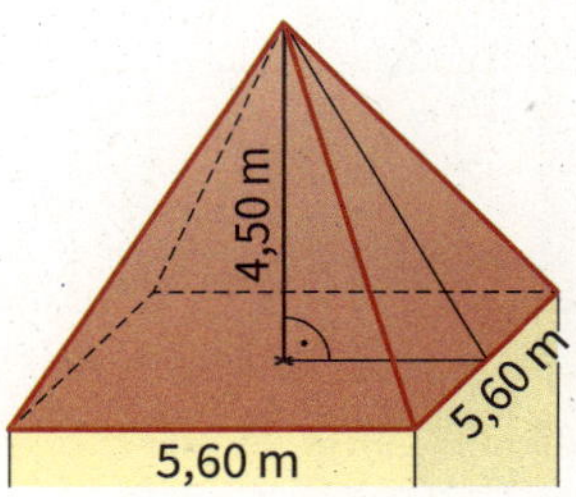

Berechne die Größe der Dachfläche.

Inhalt der Dachfläche: ______________________________

4 Ein Oktaeder ist ein von acht kongruenten gleichseitigen Dreiecken begrenzter geometrischer Körper.

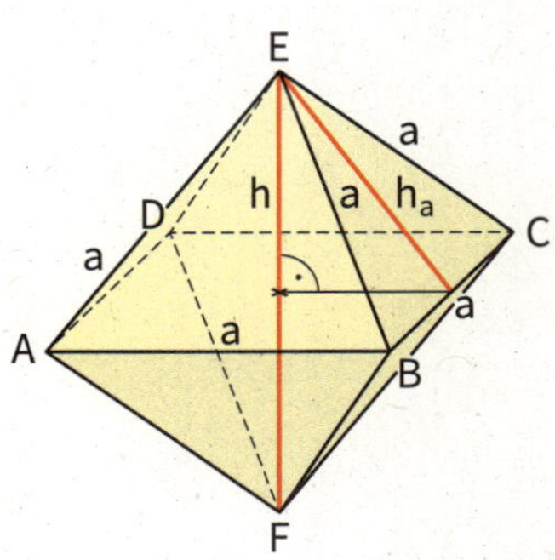

Die Kantenlänge a des abgebildeten Oktaeders beträgt 8 cm. Berechne seine Höhe h.

Höhe des Oktaeders: ______________________________

A Zuordnungen darstellen

1 Die Schülerinnen und Schüler der Klasse 9a haben während des Schülerbetriebspraktikums unterschiedliche Arbeitsplätze kennengelernt. Paula, Lina, Ida und Max waren im Einzelhandel, Eva, Jona und Theo in einem Handwerksbetrieb und Nils in einem Industriebetrieb.

a) Stelle die Zuordnung Name → Praktikumsplatz in einem Pfeildiagramm dar.

Name Praktikumsplatz

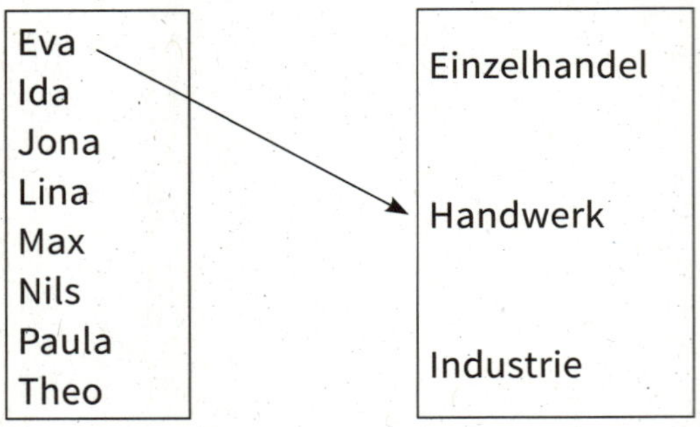

b) Stelle diese Zuordnung mithilfe einer Tabelle dar.

Name	Praktikumsplatz
Eva	Handwerk

2 a) Eine Flasche Mineralwasser kostet 0,50 €. Stelle die Zuordnung Anzahl der Flaschen → Preis mithilfe einer Tabelle dar.

Anzahl der Flaschen	1	2	3	4	5
Preis (€)	0,50				

Anzahl der Flaschen	6	7	8	9	10
Preis (€)					

b) Stelle die Zuordnung im Koordinatensystem dar.

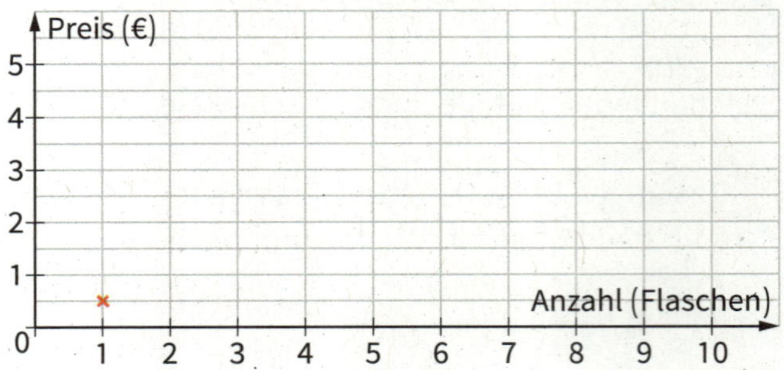

B Proportionale Zuordnungen

1 Die Zuordnung ist proportional. Ergänze die Platzhalter.

a)

Strecke (km)	Verbrauch (l)
2	12
4	☐
12	☐
3	☐

b)

Masse (g)	Preis (€)
100	1,20
50	☐
25	☐
125	☐

c)

Höhe (cm)	Volumen (cm^3)
8	20
32	☐
2	☐
100	☐

2 Bei einer Arbeitszeit von elf Stunden verdient Özge 103,40 €. Wie viel verdient sie, wenn sie 16 Stunden arbeitet?

Antwort: ______________________________

C Antiproportionale Zuordnungen

1 Die Zuordnung ist antiproportional. Ergänze die Platzhalter.

a)

Anzahl	Zeit (d)
2	24
4	☐
12	☐
3	☐

b)

Anzahl	Länge (cm)
100	6
50	☐
20	☐
120	☐

c)

Anzahl	Masse (g)
8	10
32	☐
2	☐
40	☐

2 Eine Erbschaft wird gleichmäßig auf fünf Personen verteilt. Jede Person erhält 8000 €. Wie groß wäre der Anteil eines Erben, wenn nur vier Personen erbberechtigt wären?

Antwort: ______________________________

D Sachaufgaben mit dem Dreisatz lösen

Entscheide bei jeder Aufgabe zuerst, ob die Zuordnung proportional oder antiproportional ist. Kreuze entsprechend an.

1 250 Schrauben wiegen 550 g. Wie schwer sind 350 Schrauben derselben Art?

☐ proportional ☐ antiproportional

Antwort: ______________________________

2 Um auf einer 150 m² großen Fläche Rasen zu säen, hat Frau Kern 3,75 kg Rasensamen verwendet. Wie viel Kilogramm Rasensamen benötigt Herr Nauck für eine 220 m² große Fläche?

☐ proportional ☐ antiproportional

Antwort: ______________________________

3 Bei einem durchschnittlichen Verbrauch von 6 l Super kann ein Auto mit einer Tankfüllung 800 km weit fahren.
Welche Strecke kann es bei einem durchschnittlichen Verbrauch von 6,4 l Super mit einer Tankfüllung zurücklegen?

☐ proportional ☐ antiproportional

Antwort: ______________________________

4 Bei einer durchschnittlichen Geschwindigkeit von 85 $\frac{km}{h}$ benötigt Frau Queißer für die Heimfahrt 57 Minuten. Wie lange dauert die Fahrt bei einer durchschnittlichen Geschwindigkeit von 95 $\frac{km}{h}$?

☐ proportional ☐ antiproportional

Antwort: ______________________________

Kreuze deine richtigen Ergebnisse an.

A Zuordnungen darstellen

1 a)

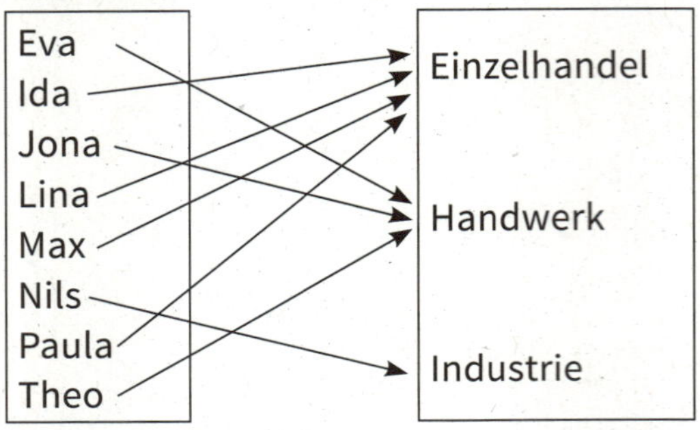

☐

b)

Name	Praktikumsplatz
Eva	Handwerk
Ida	Einzelhandel
Jona	Handwerk
Lina	Einzelhandel
Max	Einzelhandel
Nils	Industrie
Paula	Einzelhandel
Theo	Handwerk

☐

2 a)

Anz. der Flaschen	1	2	3	4	5	6	7	8	9	10
Preis (€)	0,50	1,00	1,50	2,00	2,50	3,00	3,50	4,00	4,50	5,00

☐

b)

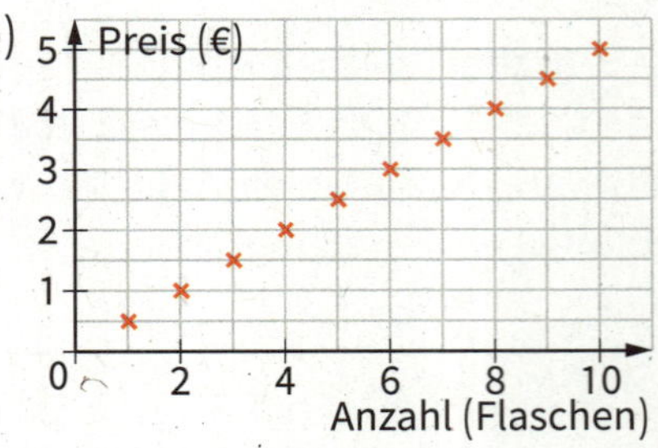

☐

B Proportionale Zuordnungen

1 a)

Strecke (km)	Verbrauch (l)
2	12
4	24
12	72
3	18

☐

b)

Masse (g)	Preis (€)
100	1,20
50	0,60
25	0,30
125	1,50

☐

c)

Höhe (cm)	Volumen (cm^3)
8	20
32	80
2	5
100	250

☐

2 150,40 € ☐

C Antiproportionale Zuordnungen

1 a)

Anzahl	Zeit (d)
2	24
4	12
12	4
3	16

☐

b)

Anzahl	Länge (cm)
100	6
50	12
20	30
120	5

☐

c)

Anzahl	Masse (g)
8	10
32	2,5
2	40
40	2

☐

2 10 000 € ☐

D Sachaufgaben mit dem Dreisatz lösen

1 proportional 770 g ☐

2 proportional 5,5 kg ☐

3 antiproportional 750 km ☐

4 antiproportional 51 min ☐

Tabelle zur Selbsteinschätzung

Kreuze für jedes Teilthema das Feld an, das nach deiner Einschätzung für dich zutrifft. Die Seitenangabe in dem angekreuzten Feld nennt dir dann die Seite, auf der du weiterarbeiten solltest.

Teilthemen	Ich hatte bei fast allen Aufgaben Schwierigkeiten.	Ich hatte bei einigen Aufgaben Schwierigkeiten.	Ich hatte bei allen Aufgaben keine Schwierigkeiten
A	☐ Seite 31	☐ Seite 32	☐ Seite 39
B	☐ Seite 33	☐ Seite 34	☐ Seite 39
C	☐ Seite 35	☐ Seite 36	☐ Seite 39
D	☐ Seite 37	☐ Seite 38	☐ Seite 39

A Zuordnungen darstellen

1 Die Schülerinnen und Schüler einer Gesamtschule kommen aus verschiedenen Orten. Mila, Pia, Sara und Elias kommen aus Baumberg, Anna, Noah und Felix aus Holzheim, Jonas, Ben und Leon aus Neurath und Hanna und Clara aus Obertal.

Die Zuordnung „Name → Wohnort“ soll durch ein Pfeildiagramm dargestellt werden.

Ordne jeder Schülerin und jedem Schüler den Wohnort zu. Vervollständige dazu das Pfeildiagramm.

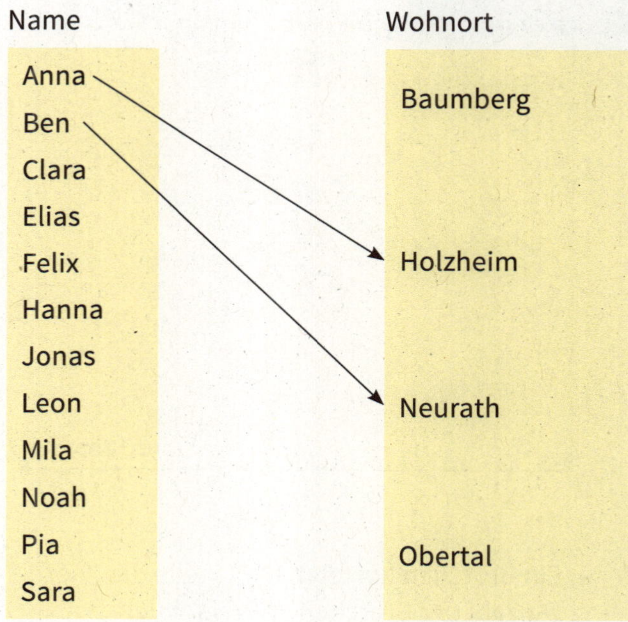

2 Im Pfeildiagramm ist jeder Schülerin und jedem Schüler das Verkehrsmittel zugeordnet, mit dem der Schulweg zurückgelegt wird.
Übertrage die im Pfeildiagramm dargestellte Zuordnung „Name → Verkehrsmittel“ in eine Tabelle.

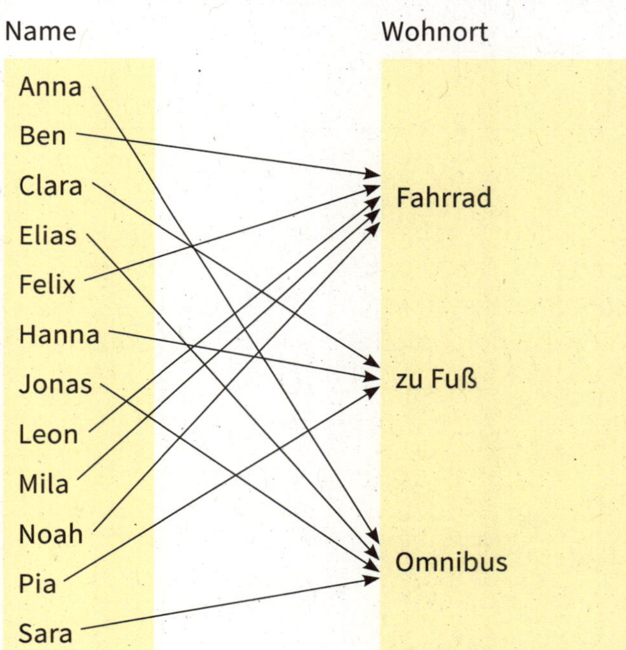

Name	Verkehrsmittel
Anna	Omnibus

3 Im Fach Mathematik hat Leon die Note sehr gut, Hanna, Mila, Noah und Pia haben die Note gut, Anna, Clara, Jonas und Sara die Note befriedigend und Ben, Elias und Felix die Note ausreichend.
Stelle die Zuordnung „Note → absolute Häufigkeit der Note“ in einer Tabelle dar.

Note	1	2	3	4
absolute Häufigkeit				

4

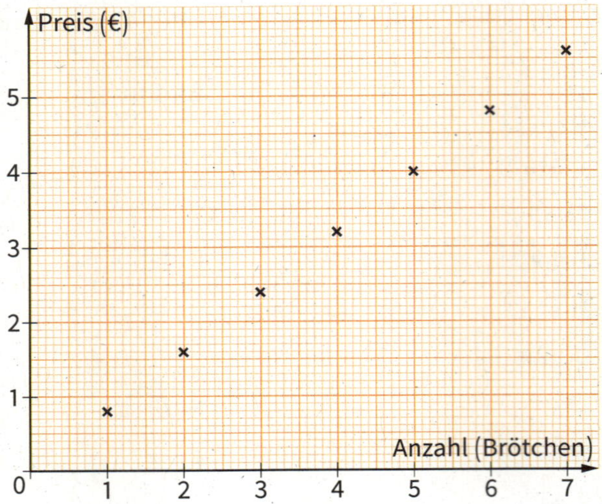

Ein Bäcker bietet auch Möhrenbrötchen an.
Die Zuordnung „Anzahl der Brötchen → Preis“ ist im Koordinatensystem grafisch dargestellt.
Ermittle an Hand des Graphen zu jeder Anzahl den zugehörigen Preis.

Anzahl	1	2	3	4
Preis (€)				

Anzahl	5	6	7	8
Preis (€)				

5 a) Ein Brötchen kostet 0,30 €. Stelle die Zuordnung „Anzahl der Brötchen → Preis“ in einer Tabelle dar.

Anzahl	1	2	3	4
Preis (€)	0,30			

Anzahl	5	6	7	8
Preis (€)				

b) Trage die Wertepaare als Punkte in das Koordinatensystem ein.

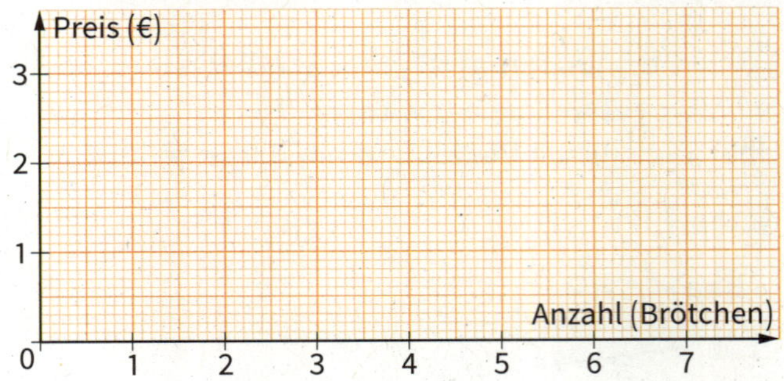

6

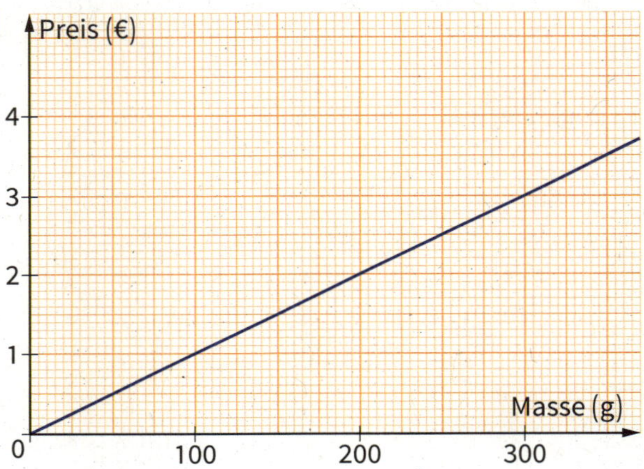

Ein Supermarkt bietet Salami zu einem Sonderpreis an. Die Zuordnung „Masse → Preis“ ist im Koordinatensystem grafisch dargestellt.
Vervollständige die Tabelle mithilfe des Graphen.

Masse(g)	50	100	150	200
Preis (€)				

Masse(g)	250	300	350	400
Preis (€)				

7 Ein Kilogramm Rinderfilet kostet 50 €.
a) Stelle die Zuordnung „Masse → Preis“ in einer Tabelle dar.

Masse(kg)	0	1	2	3
Preis (€)		50		

Masse(kg)	4	5	6	7
Preis (€)				

b) Trage die Wertepaare als Punkte in das Koordinatensystem ein. Verbinde die Punkte.

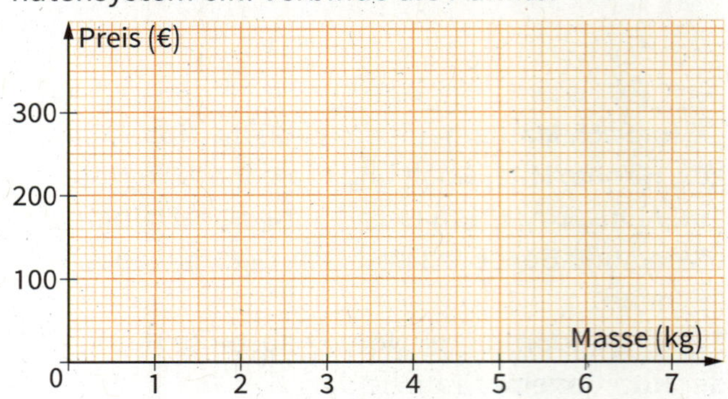

B Proportionale Zuordnungen

1 Ein Maler hat den Auftrag, eine Wohnung zu renovieren. In mehreren Zimmern werden die Wände mit Raufasertapete beklebt. Anschließend wird die Raufasertapete mit Farbe gestrichen.

a) Eine Rolle Raufasertapete kostet 8 €.

Vervollständige die Tabelle.

	Anzahl der Rollen	Preis (€)	
	1	8	
· 2	2		· 2
· 3	3		· 3
· 4	4		· 4

b) 12 Liter Wandfarbe reichen für eine Fläche von 60 m².

Vervollständige die Tabelle.

	Volumen (l)	Flächeninhalt (m²)	
	12	60	
: 2	6		: 2
: 3	4		: 3
: 4	3		: 4

2 Die Zuordnung ist proportional. Ergänze die Platzhalter.

a)

Masse (g)	Preis (€)
100	2,50
200	
300	
400	
500	

b)

Zeit (h)	Gehalt (€)
180	2400
90	
60	
45	
36	

c)

Anzahl	Masse (kg)
20	36
40	
80	
10	
5	

d)

Länge (km)	Volumen (l)
100	6,2
200	
50	
150	
450	

e)

Anzahl	Preis (€)
10	60
40	
60	
15	
30	

f)

Höhe (cm)	Volumen (l)
30	150
3	
12	
48	
24	

3 Bei der Darstellung einer proportionalen Zuordnung hat Emma Fehler gemacht. Markiere die Fehler.

a)

Anzahl	Preis (€)
1	20
2	40
8	120

b)

Anzahl	Masse (kg)
10	40
5	20
30	100

c)

Masse (kg)	Preis (€)
18	45
6	120
3	7,50

4 Ein Handwerker hat im Haus von Familie Schneider fünf Stunden gearbeitet. Der Arbeitslohn beträgt 275 €. Derselbe Handwerker hat bei Familie Stein sechs Stunden gearbeitet. Wie viel Euro Arbeitslohn bezahlt Familie Stein?

Antwort: ______________________________

Vervollständige die Tabelle.

	Arbeitszeit (h)	Arbeitslohn (€)	
	5	275	
: 5	1		: 5
· 6	6		· 6

5 Im Gartencenter kauft Frau Grün zwölf Geranien. Sie bezahlt 25,20 €. Frau Roth kauft sieben Geranien.

Anzahl der Geranien	Preis (€)

Antwort: ______________________________

6 Ein Wanderer legt eine acht Kilometer lange Strecke in 96 Minuten zurück. Wie lange braucht er bei gleicher Geschwindigkeit für eine elf Kilometer lange Strecke?

Länge (km)	Zeit (min)

Antwort: ______________________________

7 Eine Maschine stellt 100 Nägel in acht Sekunden her. Wie viele Sekunden dauert es, bis 750 Nägel hergestellt sind?

Antwort: ______________________________

8 Herr Klein bezahlt für 45 Liter Super 60,75 €. Bei derselben Tankstelle tankt Herr Mix 52 Liter Super.

Antwort: ______________________________

9 Magda und Paula fahren nach England. Bei der Bank kauft Magda 150 britische Pfund. Sie bezahlt 180 €. Wie viel Euro bezahlt Paula für £ 120?

Antwort: ______________________________

10 Ein 5 m^2 großes Stahlblech wiegt 200 kg. Wie viel Kilogramm wiegt ein 3,5 m^2 großes Blech von der gleichen Stärke?

Antwort: ______________________________

C Antiproportionale Zuordnungen

1 Ein Fliesenleger hat den Auftrag, eine Wohnung mit Bodenfliesen auszulegen.

a) Für diese Arbeit benötigt ein Geselle 36 Arbeitsstunden.

Ergänze die Platzhalter in der Tabelle.

Anzahl der Gesellen	Zeit (h)
1	36
2 (· 2)	(: 2)
3 (· 3)	(: 3)
4 (· 4)	(: 4)

b) In einem rechteckigen Zimmer passen zehn quadratische Fliesen mit einer Kantenlänge von jeweils 60 cm in eine Reihe nebeneinander.

Vervollständige die Tabelle.

Kantenlänge (cm)	Anzahl der Fliesen
60	10
30 (: 2)	(· 2)
20 (: 3)	(· 3)
15 (: 4)	(· 4)

2 Die Zuordnung ist antiproportional. Ergänze die Platzhalter.

a)

Anzahl	Zeit (h)
1	60
2	
3	
4	
6	

b)

Anzahl	Länge (cm)
48	2
24	
16	
12	
8	

c)

Anzahl	Masse (g)
20	100
40	
50	
5	
10	

d)

Länge (cm)	Breite (cm)
40	24
20	
10	
120	
160	

e)

Länge (km)	Zeit (d)
45	6
15	
30	
60	
90	

f)

Zeit (h)	Geschwindigkeit $\left(\frac{km}{h}\right)$
3	120
12	
4	
8	
9	

3 Bei der Darstellung einer antiproportionalen Zuordnung hat Leon Fehler gemacht. Markiere die Fehler.

a)

Anzahl	Zeit (h)
1	90
2	45
8	15

b)

Strecke (km)	Zeit (min)
10	40
5	20
30	100

c)

Länge (cm)	Breite (cm)
18	8
6	20
3	48

4 Um eine große Baugrube auszuheben, müssen vier Bagger jeweils zwölf Tage eingesetzt werden.
Wie lange dauert das Ausheben der Baugrube beim Einsatz von sechs Baggern?

Antwort: ____________________

Vervollständige die Tabelle.

	Anzahl der Bagger	Zeit (d)	
	4	12	
: 4			· 4
	1	☐	
· 6			: 6
	6	☐	

5 Ein Lottogewinn wird gleichmäßig auf fünf Personen verteilt. Jede erhält 2100 €. Wie viel Euro hätte jede Person erhalten, wenn die Tippgemeinschaft nur aus drei Personen bestanden hätte?

Anzahl der Personen	Gewinn pro Person (€)

Antwort: ____________________

6 Zwei Rechtecke haben denselben Flächeninhalt. Ein Rechteck ist 10 cm lang und 7,5 cm breit. Das andere Rechteck ist 12,5 cm lang. Bestimme dessen Breite.

Länge (cm)	Breite (cm)

Antwort: ____________________

7 Ein Bäcker hat Teig zubereitet. Daraus stellt er 45 Brote zu je 500 g her.
Wie viele Brote zu je 750 g könnte er aus diesem Teig herstellen?

Antwort: ____________________

8 Eine Rolle Klebeband kann in 260 Stücke von je 25 cm Länge zerschnitten werden.
Wie viele Stücke erhältst du, wenn jedes Stück 20 cm lang ist?

Antwort: ____________________

9 Ben spart für ein Mountainbike. Wenn er jeden Monat 36 € zurücklegt, kann er das Rad nach neun Monaten kaufen. Er möchte das Rad aber bereits nach sechs Monaten kaufen.
Wie viel Euro muss er monatlich zurücklegen?

Antwort: ____________________

10 Zwei Quader haben dasselbe Volumen.
Ein Quader hat eine Höhe von 8 cm und eine Grundfläche von 60 cm^2.
Der andere Quader ist 12 cm hoch. Wie viel Quadratzentimeter beträgt seine Grundfläche?

Antwort: ____________________

D Sachaufgaben mit dem Dreisatz lösen

Beantworte die Fragen, bevor du mit der Rechnung beginnst.

1. Welche Größen werden einander zugeordnet?
2. Gilt für die Zuordnung „je mehr, desto mehr“ oder „je mehr, desto weniger“?
3. Wird dem Doppelten das Doppelte, dem Dreifachen das Dreifache usw. zugeordnet? Wird dem Doppelten die Hälfte, dem Dreifachen ein Drittel usw. zugeordnet?
4. Ist die Zuordnung proportional oder antiproportional?

1 Mia ist als Aushilfe im Lebensmittelmarkt beschäftigt. In der vergangenen Woche hat sie acht Stunden gearbeitet. Ihr Lohn betrug 78,80 €. In dieser Woche arbeitet sie zwölf Stunden. Wie viel Euro verdient sie in dieser Woche?

a) Beantworte die Fragen 1 bis 4. Ergänze dazu den Text.

1. Arbeitszeit → ________

2. Je mehr Arbeitszeit, desto ________ Lohn.

3. Der doppelten Arbeitszeit entspricht der

   ________________ Lohn.

4. Die Zuordnung ist ________________.

b) Vervollständige die Tabelle.

Zeit (h)	Lohn (€)
8	78,80
1	
12	

Antwort: ______________________________

2 Laura und Lisa fahren mit dem Rad zur Schule. Bei einer Durchschnittsgeschwindigkeit von 10 $\frac{km}{h}$ benötigt Laura für den Schulweg 18 Minuten. Ihre Schwester Lisa erreicht eine Durchschnittsgeschwindigkeit von 12 $\frac{km}{h}$. Wie viele Minuten benötigt Lisa?

a) Beantworte die Fragen 1 bis 4.

1. ______________________________

2. ______________________________

3. ______________________________

   ____

4. ______________________________

b) Vervollständige die Tabelle.

Geschwindigkeit $\left(\frac{km}{h}\right)$	Zeit (min)
10	18
1	
12	

Antwort: ______________________________

3 Ein Stück Eichenholz hat eine Masse 3 kg und ein Volumen von 6 dm^3.
Welches Volumen hat ein Brett aus Eichenholz mit einer Masse von 4,5 kg?
a) Welche Größen werden einander zugeordnet?

Zuordnung: Masse → ____________________

b) Kreuze an. Die Zuordnung ist

☐ proportional ☐ antiproportional

c) Vervollständige die Tabelle.

Masse (kg)	Volumen (dm^3)

4 Der Aushub einer Baugrube wird abgefahren. Dazu sind neun Fahrten eines Lastwagens mit einer Zuladung von 12 t notwendig. Wie viele Fahrten wären notwendig, wenn ein Lastwagen mit einer Zuladung von 18 t eingesetzt würde?
a) Welche Größen werden einander zugeordnet?

Zuordnung: Masse → ____________________

b) Kreuze an. Die Zuordnung ist

☐ proportional ☐ antiproportional

c) Vervollständige die Tabelle.

Masse (t)	Anzahl der Fahrten

5 Entscheide zuerst, ob die Zuordnung proportional oder antiproportional ist.

a) Die Benzinkosten für eine Fahrt mit dem Auto werden auf drei Personen aufgeteilt. Jede Person bezahlt 24 €.
Wie groß wären die Kosten pro Person gewesen, wenn fünf Personen mitgefahren wären?

☐ proportional ☐ antiproportional

Antwort: ____________________

b) Um eine 7 m^2 große Wandfläche anzustreichen, sind 35 Liter Wandfarbe nötig.
Wie viel Liter Farbe werden für eine 15 m^2 große Wandfläche benötigt?

☐ proportional ☐ antiproportional

Antwort: ____________________

c) Für die Abschlussfeier werden in der Aula Stühle aufgestellt. In 15 Reihen stehen insgesamt 180 Stühle.
Wie viele Stühle ständen in der Aula, wenn eine Stuhlreihe zusätzlich aufgestellt worden wäre?

☐ proportional ☐ antiproportional

Antwort: ____________________

d) Für eine Aufführung der Theater-AG werden in der Mensa Stühle aufgestellt. Die Stühle stehen in acht Reihen zu je 12 Stühlen. Wie viele Reihen wären entstanden, wenn dieselbe Anzahl Stühle in Reihen zu je 16 Stühlen aufgestellt worden wäre?

☐ proportional ☐ antiproportional

Antwort: ____________________

1 Sechs Maler erledigen einen Großauftrag in 18 Arbeitstagen, wenn sie täglich acht Stunden arbeiten. Wie viele Tage benötigen vier Maler, die täglich neun Stunden arbeiten?

Anzahl der Maler	tägliche Arbeitszeit (h)	Arbeitstage
6	8	18
1	8	
4	8	
4	1	
4	9	

Antwort: ______________________________

2 Fünf Maschinen stellen 100 000 Schrauben in zwei Stunden her.
Wie lange benötigen acht Maschinen für 200 000 Schrauben?

Antwort: ______________________________

3 Im Supermarkt werden die Regale von Hilfskräften aufgefüllt. 13 Beschäftigte, die jeweils sechs Stunden arbeiten, verdienen insgesamt 702 €.
Wie viel Euro verdienen elf Beschäftigte, die jeweils fünf Stunden arbeiten, insgesamt?

Antwort: ______________________________

4 Um einen 3000 m² großen Platz neu zu pflastern, benötigen 21 Arbeiter 24 Tage.
Auf einem 2000 m² großen Platz soll dasselbe Pflaster in zwölf Tagen gelegt werden.
Wie viele Arbeiter müssen eingesetzt werden?

Antwort: ______________________________

5 Zehn Ponys fressen an zehn Tagen insgesamt 100 kg Hafer.
Wie viele Ponys fressen an 20 Tagen 200 kg Hafer?

Antwort: ______________________________

6 Ein Chor aus 40 Personen singt alle sechs Strophen eines Liedes in $6\frac{1}{2}$ Minuten.
Wie lange benötigt ein Chor aus 80 Personen, der nur drei Strophen desselben Liedes singt?

Antwort: ______________________________

Diagnosetest 4

A Funktionen darstellen

1 a) Die Tabelle zeigt den Notenspiegel einer Mathematikarbeit. Trage die Zahlenpaare der Funktion „Note → absolute Häufigkeit“ als Punkte in das Koordinatensystem ein.

Note	1	2	3	4	5	6
abs. Häufigkeit	2	4	5	5	3	1

b) Ist es sinnvoll, die einzelnen Punkte miteinander zu verbinden? Begründe deine Meinung.

Antwort: ______________________________

____

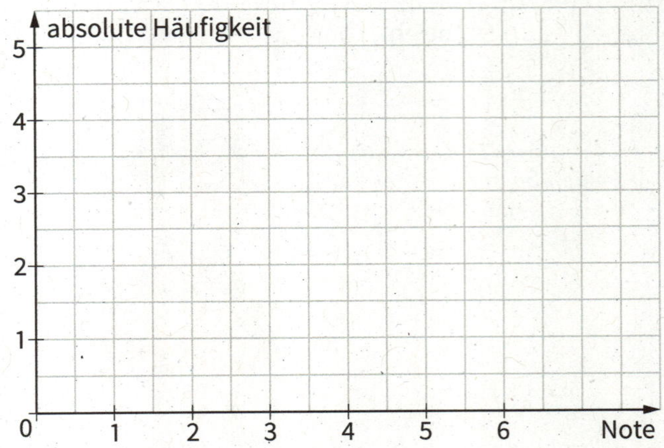

2 a) Trage die Zahlenpaare als Punkte in das Koordinatensystem ein. Zeichne durch die eingezeichneten Punkte eine Temperaturkurve.

Zeit	4.00 h	6.00 h	8.00 h	10.00 h	12.00 h	14.00 h	16.00 h	18.00 h	20.00 h	22.00 h	24.00 h
Temp. (°C)	−4	−3	0	3	5	6	6	4	2	−1	−3

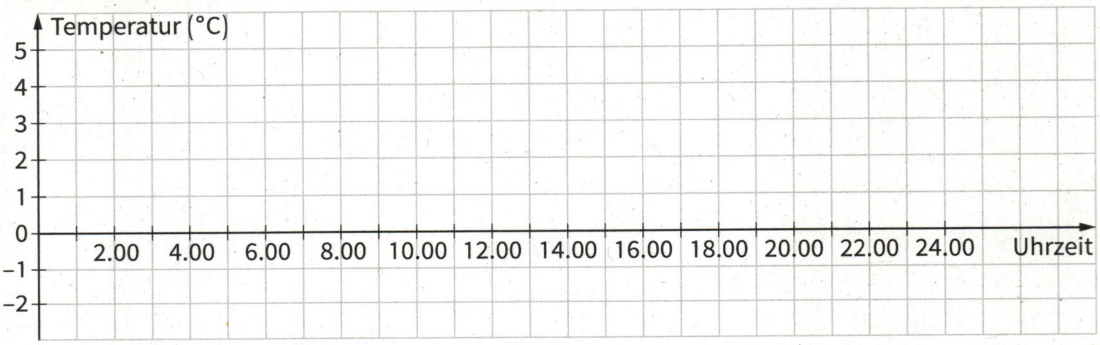

b) Wann beträgt in deiner Temperaturkurve die Temperatur 0 °C, wann −2 °C?

Antwort: ______________________________

B Lineare Funktionen mit der Funktionsgleichung $y = mx$

1 a) Ordne den eingezeichneten Graphen die zugehörigen Funktionsterme zu.

Funktionsterm	Graph
$y = 0{,}5x$	
$y = -2x$	

b) Zeichne die Funktionsgraphen von f und g in das Koordinatensystem ein.
f: $y = 1{,}5x$ g: $y = -2{,}5x$

c) Liegt der Punkt P (3 | 4) auf dem Graphen von f, der Punkt Q (−1 | 2,5) auf dem Graphen von g?

Antwort: ______________________________

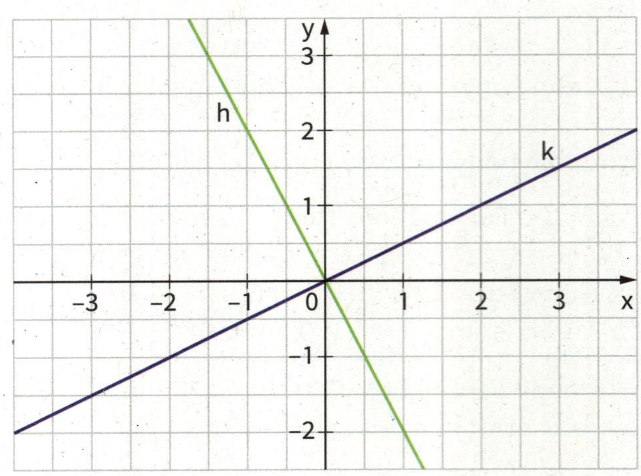

C Lineare Funktionen mit der Funktionsgleichung y = mx + n

1 a) Zeichne die Funktionsgraphen von f und g in das Koordinatensystem ein.

f: $y = 0{,}5x - 2$ g: $y = -1{,}5x + 3$

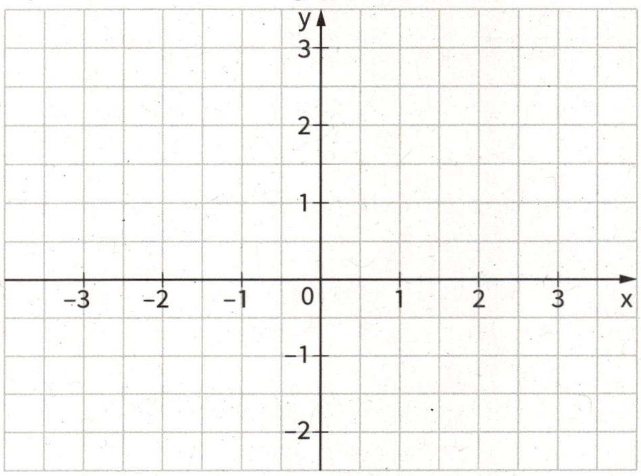

b) Liegt der Punkt P (–2 | –2,5) auf dem Graphen von f, der Punkt Q (3 | –1,5) auf dem Graphen von g?

Antwort: ______________________________

____

2 Ordne den eingezeichneten Graphen die zugehörigen Funktionsterme zu.

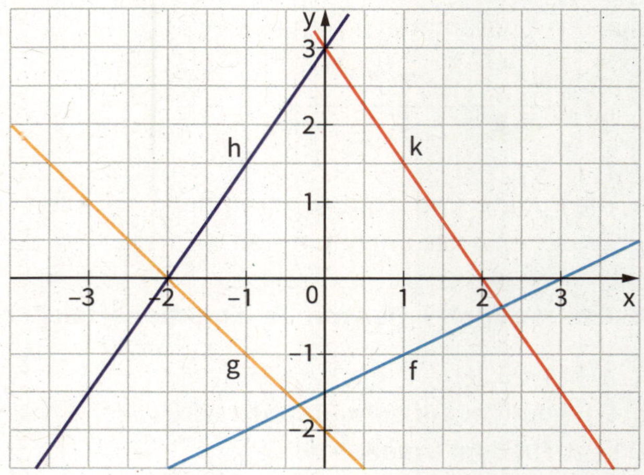

Funktionsterm	Graph	Funktionsterm	Graph
$y = 0{,}5x - 1{,}5$		$y = -x - 2$	
$y = 1{,}5x + 3$		$y = -1{,}5x + 3$	

D Sachaufgaben

1 Ein Pkw legt eine 300 km lange Strecke in 3 h zurück, ein Motorroller benötigt 6 h.

a) Zeichne die Graphen der Funktionen, die für jedes Fahrzeug der Fahrtdauer (h) die zurückgelegte Strecke zuordnen.

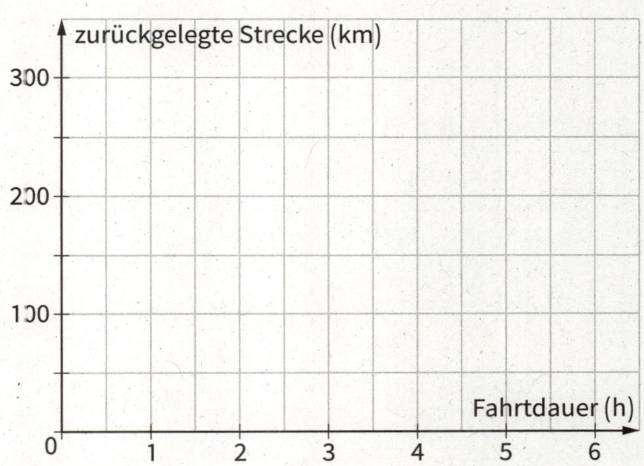

b) Wie viel Kilometer legt jedes Fahrzeug in einer Stunde zurück?

Pkw: ________ Motorroller: ________

c) Gib die Funktionsgleichungen an.

Pkw: ________ Motorroller: ________

2 Ein Aquarium wird mit Wasser befüllt. Zu Beginn des Füllvorgangs steht das Wasser im Aquarium bereits 10 cm hoch, der Wasserstand steigt während des Füllvorgangs pro Minute um 4 cm.

a) Vervollständige die Wertetabelle.

Zeit (min)	0	1	2	3	4	5
Wasserstand (cm)						

b) Gib die Funktionsgleichung der Funktion f an, die der Zeit x den Wasserstand y zuordnet:

f: Zeit (min) → Wasserstand (cm).

Funktionsgleichung: ______________________________

Kreuze deine richtigen Ergebnisse an.

A Funktionen darstellen

1 a) 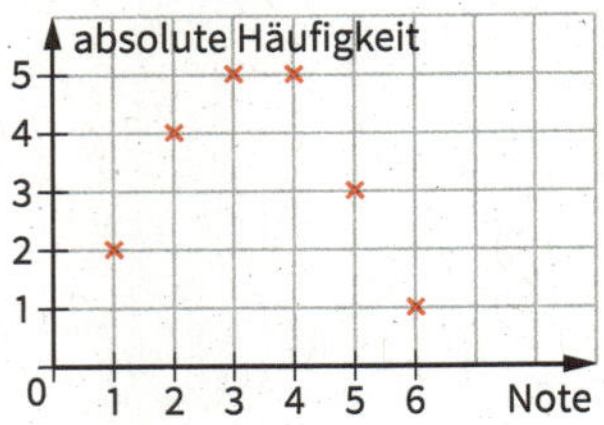

☐

2 a) 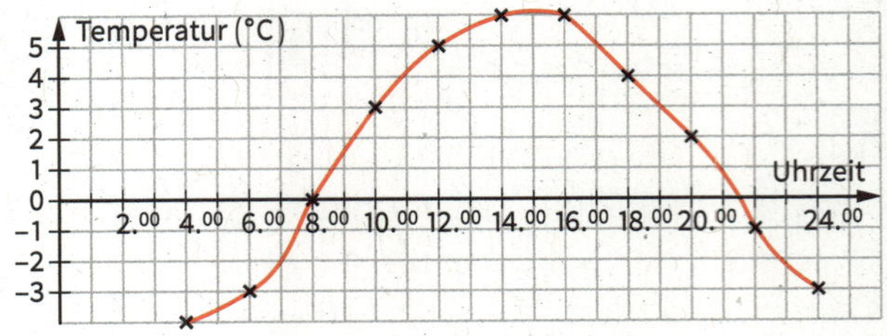

☐

b) Die Punkte sind nicht zu verbinden, weil keine Zwischenwerte angenommen werden. ☐

b) Die Temperatur betrug um 8.00 Uhr und um 21.30 Uhr 0 °C, um 6.40 Uhr und um 23.00 Uhr – 2 °C. ☐

B Lineare Funktionen mit der Funktionsgleichung y = mx

1 a) k: $y = 0{,}5x$ h: $y = -2x$ ☐

c) P liegt nicht auf dem Graphen von f,
Q liegt auf dem Graphen von g. ☐

b) 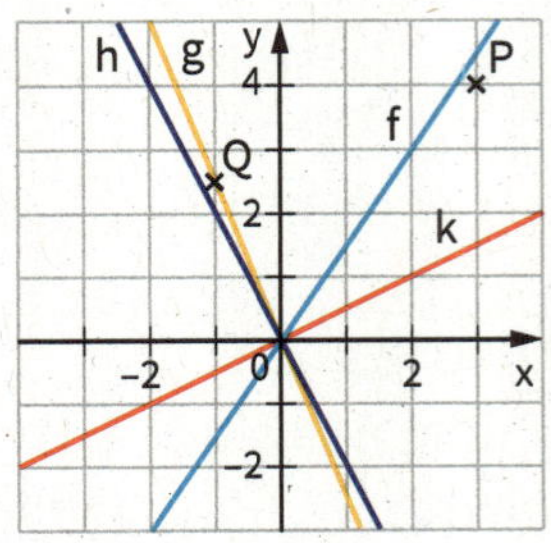

☐

C Lineare Funktionen mit der Funktionsgleichung y = mx + n

1 a) 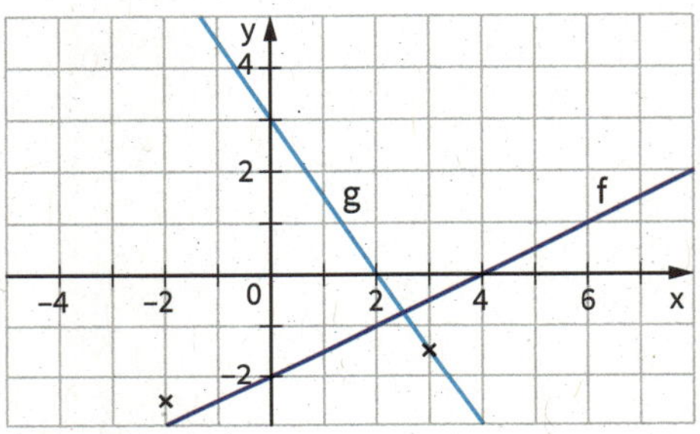

☐

b) P liegt nicht auf dem Graphen von f,
Q liegt auf dem Graphen von g. ☐

2

Funktionsterm	Graph	Funktionsterm	Graph
$y = 0{,}5x - 1{,}5$	f	$y = -x - 2$	g
$y = 1{,}5x + 3$	h	$y = -1{,}5x + 3$	k

☐

D Sachaufgaben

1 a) 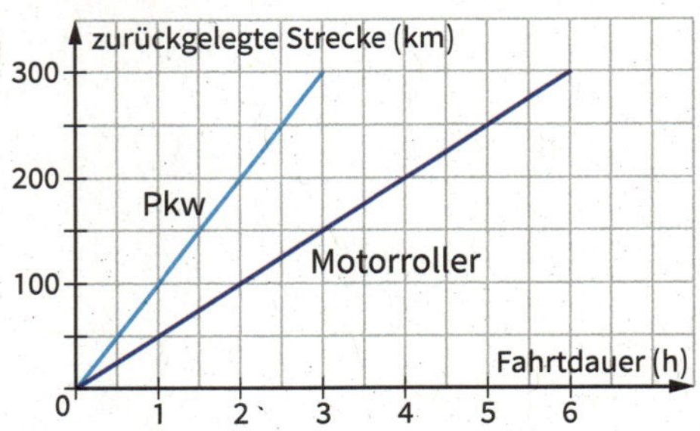

☐

b) Pkw: 100 km   Motorroller: 50 km ☐

c) Pkw: $y = 100x$ Motorroller: $y = 50x$ ☐

2 a)

Zeit (min)	0	1	2	3	4	5
Wasserstand (cm)	10	14	18	22	26	30

☐

b) Funktionsgleichung: $y = 4x + 10$ ☐

Tabelle zur Selbsteinschätzung

Kreuze für jedes Teilthema das Feld an, das nach deiner Einschätzung für dich zutrifft. Die Seitenangabe in dem angekreuzten Feld nennt dir dann die Seite, auf der du weiterarbeiten solltest.

Teilthemen	Ich hatte bei fast allen Aufgaben Schwierigkeiten.	Ich hatte bei einigen Aufgaben Schwierigkeiten.	Ich hatte bei allen Aufgaben keine Schwierigkeiten
A	☐ Seite 43	☐ Seite 44	☐ Seite 53
B	☐ Seite 45	☐ Seite 46	☐ Seite 53
C	☐ Seite 48	☐ Seite 49	☐ Seite 53
D	☐ Seite 51	☐ Seite 52	☐ Seite 53

1 Im Untersuchungsheft für Kinder wird bei jeder Untersuchung dem Lebensalter die Körpergröße zugeordnet:
Lebensalter (Mon.) → Körpergröße(cm).
Diese Zuordnung ist eine Funktion, weil jedem Lebensalter nur ein Körpergewicht zugeordnet wird. Um die Entwicklung des Kindes verfolgen zu können, werden die Zahlenpaare in ein Koordinatensystem eingetragen. Trage die Zahlenpaare in die Wertetabelle ein.

Lebensalter (Mon.)	Körpergröße (cm)
0	
6	66

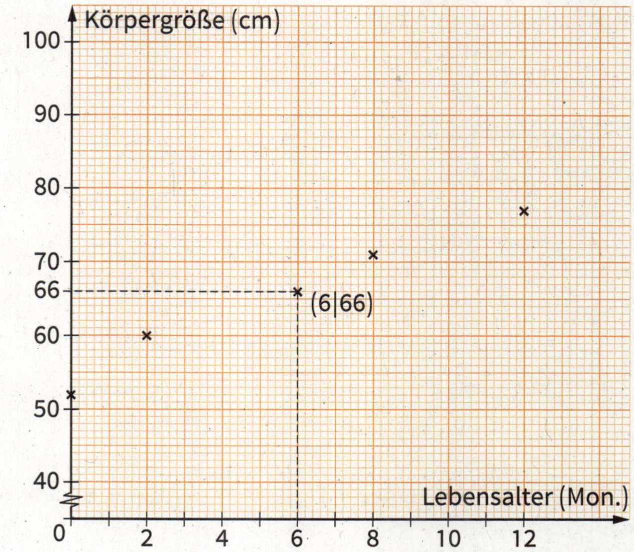

2 Bei jeder Untersuchung wird dem Lebensalter auch das Körpergewicht zugeordnet:
Lebensalter (Mon.) → Körpergewicht (g).
Auch diese Zuordnung ist eine Funktion.
Trage die Zahlenpaare aus der Wertetabelle in das Koordinatensystem ein.

Lebensalter (Mon.)	Körpergewicht (g)
0	3 600
2	4 200
4	6 800
6	7 600
8	8 400
12	9 200

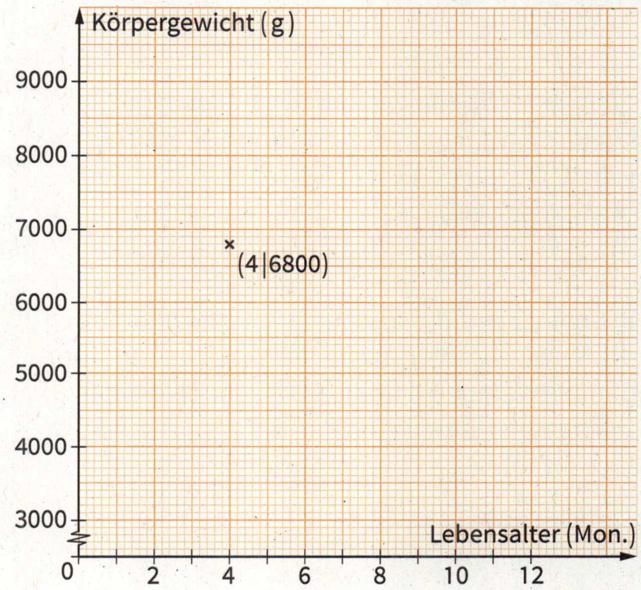

3 Die Temperaturkurve ist vom Temperaturschreiber einer Wetterstation aufgezeichnet worden. Die Zuordnung „Tageszeit → Temperatur“ ist eine Funktion.

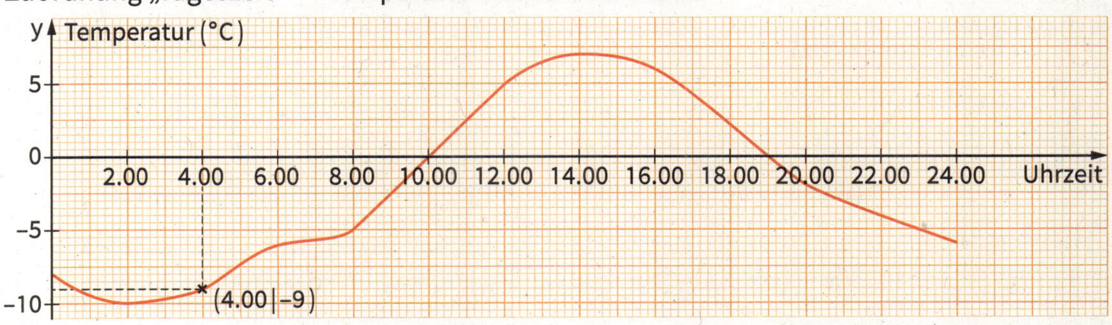

a) Vervollständige die Tabelle. Lies dazu die fehlenden Werte aus der Temperaturkurve ab.

Uhrzeit	0.00 h	2.00 h	4.00 h	6.00 h	8.00 h	10.00 h	12.00 h	14.00 h	16.00 h	18.00 h	20.00 h	22.00 h	24.00 h
Temp. (°C)			–9										

b) Wann betrug die Temperatur –5 °C (9 °C)? Antwort: ____________________

4 Zum Zeichnen einer Temperaturkurve hat Leon in Abständen von zwei Stunden jeweils die Temperatur gemessen und in eine Tabelle eingetragen. Trage die Zahlenpaare als Punkte in das Koordinatensystem ein und zeichne durch die eingezeichneten Punkte eine Temperaturkurve.

Zeit	4.00 h	6.00 h	8.00 h	10.00 h	12.00 h	14.00 h	16.00 h	18.00 h	20.00 h	22.00 h	24.00 h
Temp. (°C)	–7	–6	–5	4	8	12	10	0	–2	–4	–6

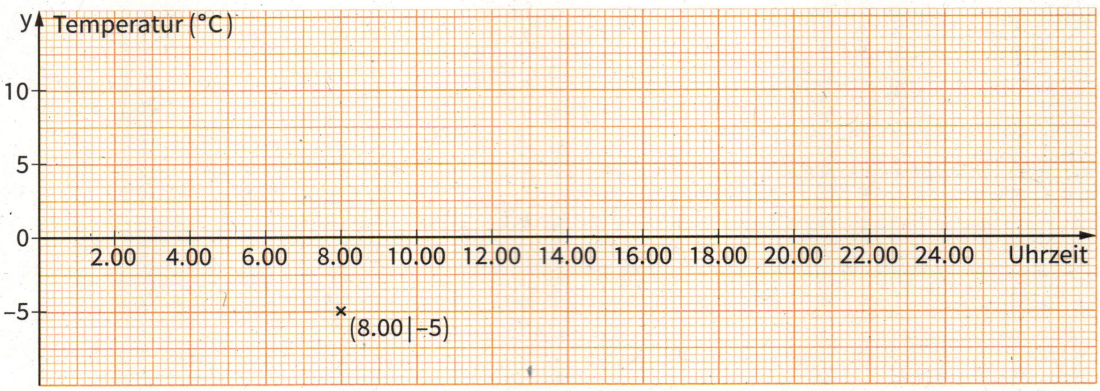

5 In jeder Spalte der Tabelle sollen die Seitenlängen eines Rechtecks mit einem Flächeninhalt von 36 cm² stehen.

Seitenlänge a (cm)	2	3	4	6	9	12
Seitenlänge b (cm)	18	12	9			

a) Ergänze die Tabelle.
b) Trage die Zahlenpaare als Punkte in das Koordinatensystem ein und zeichne durch die eingezeichneten Punkte eine Kurve.

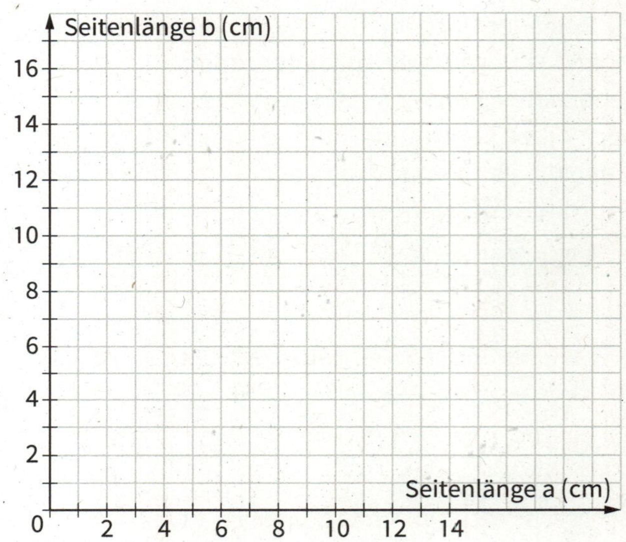

6 In der Abbildung siehst du das Streckenprofil eines Wanderwegs in der Schweiz.

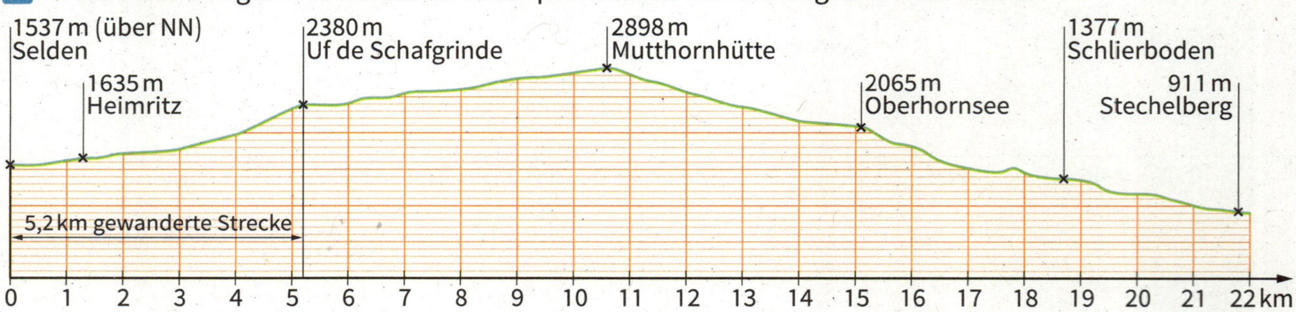

a) Wie viel Kilometer muss ein Wanderer von Selden bis zum höchsten Punkt zurücklegen? Wie viele Höhenmeter muss er dabei überwinden?

Antwort: ____________________

____

b) Wie weit ist es von der Mutthornhütte bis zum Stechelberg? Wie groß ist der Höhenunterschied?

Antwort: ____________________

____

B Lineare Funktionen mit der Funktionsgleichung y = mx

1 Ein Geodreieck kostet in der Schreibwarenabteilung eines Einkaufsmarktes 1,50 €.
Die Zuordnung „Anzahl der Geodreiecke → Preis (€)" ist proportional.
Da jeder Anzahl genau ein Preis zugeordnet wird, ist diese Zuordnung auch eine Funktion.
a) Vervollständige die Tabelle.
b) Mithilfe einer Funktionsgleichung kannst du zu jeder Anzahl x von Geodreiecken den Preis y bestimmen. Dazu musst du die Anzahl x mit dem Preis für ein Geodreieck multiplizieren: $y = 1{,}50 \cdot x$.

Anzahl Geodreiecke	Preis (€)
1	1,50
2	3
3	4,50
4	6
5	7,50
6	9
7	10,50
8	12

Anzahl der Geodreiecke x: $x = 9$

Preis y: $y = 1{,}50 \cdot x$
$y = 1{,}50 \cdot 9 = 13{,}5$

Zahlenpaar (9 | 13,5) Punkt P (9 | 13,5)

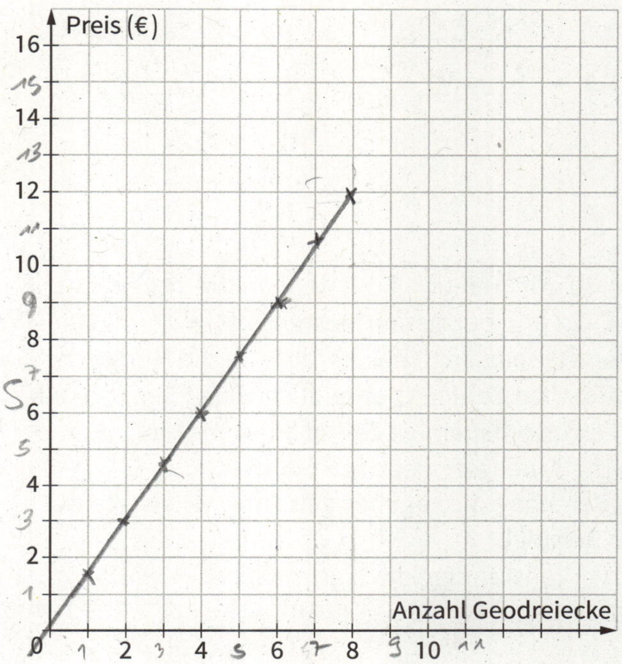

Berechne mithilfe der Funktionsgleichung den Preis für 13 (19, 23, 27) Geodreiecke.

1,50 · 13 = 19,5 1,50 · 27 = 40,5
1,50 · 19 = 28,5
1,50 · 23 = 34,5

c) Trage die Zahlenpaare aus der Tabelle als Punkte in das Koordinatensystem ein. Was stellst du fest?

Antwort: Ein gerade Linie

2 Eine Tonne Kies kostet ab Kiesgrube 5,00 €.
Die Zuordnung „Masse (t) → Preis (€)" ist proportional. Jede proportionale Zuordnung ist auch eine Funktion mit der Funktionsgleichung $y = mx$.
Dabei gibt y hier den Preis (€) an und x die Masse (t) an Kies.
a) Vervollständige die Wertetabelle.

Masse (t)	Preis (€)
0	0
2	10
4,5	22,50
5	25
8,5	42,5
11,5	57,5
11,8	59
12,6	63

b) Gib die Funktionsgleichung an.

Funktionsgleichung: ______________________

c) Trage die Zahlenpaare als Punkte in das Koordinatensystem ein und zeichne durch die eingezeichneten Punkte eine Gerade.

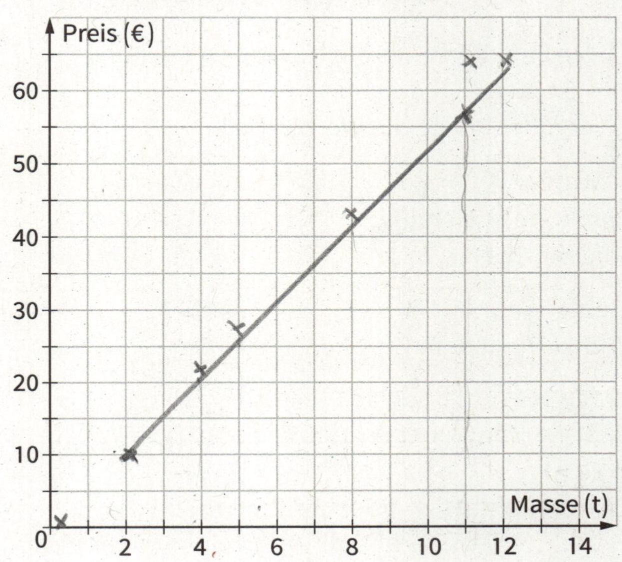

3 Im Beispiel siehst du, wie die Zuordnungsvorschrift x → 3x für die Funktion f mithilfe einer Funktionsgleichung angegeben wird und zugehörige Funktionswerte berechnet werden. Vervollständige die Berechnungen.

5 → 3 · 5 = 15	f(5) = 3 · 5 = 15
6 → 3·6=18	f(6) = 3·6=18
7,2 → 3·7,2=21,6	f(7,2) = 3·7,2=21,6
− 8 → 3·8=24	f(− 8) = 3·8=24
0,7 → 3·0,7=2,1	f(0,7) = 3·0,7=2,1
− 1,2 → 3·1,2=3,6	f(− 1,2) = 3·1,2=3,6

Funktion f:

Zuordnungsvorschrift:
Jeder rationalen Zahl x wird das Dreifache zugeordnet.

x → 3x

Für die x zugeordnete Zahl y gilt: y = 5x

Funktionsgleichung für die Funktion f:

y = 3x oder f(x) = 3x

(lies: f von x gleich 3x)

x → 3x	**f(x) = 3x**
1 → 3 · 1 = 3	oder f(1) = 3 · 1 = 3
2 → 3 · 2 = 6	oder f(2) = 3 · 2 = 6
2,5 → 3 · 2,5 = 7,5	oder f(2,5) = 3 · 2,5 = 7,5
− 2 → 3 · (− 2) = -6	oder f(− 2) = 3 · (− 2) = − 6
…	…

4 Zu der Funktion f mit der Funktionsgleichung y = − 2x und der Definitionsmenge D = ℚ soll eine Wertetabelle angelegt werden. Da die Menge der rationalen Zahlen ℚ unendlich viele Elemente hat, sind zunächst einige Zahlen für x ausgewählt und in die Tabelle eingetragen worden.

a) Berechne die zugehörigen Funktionswerte wie im Beispiel.

b) Vervollständige die Wertetabelle.

x	− 3	− 2,5	− 2	− 1,5	− 1	− 0,5
y = f(x)	6	5	4	3	2	1

x	0	0,5	1	1,5	2	2,5
y = f(x)	0	1	2	3	− 4	5

f(x) = − 2x	**y = − 2x**
f(− 2,5) = − 2 · (− 2,5) = 5	y = 5
f(− 2) = −2 ·(−2) = 4	y = 4
f(− 1,5) = −2 ·(1,5) = 3	y = 3
f(− 1) = −2 ·(−1) = −2	y = −2
f(− 0,5) = −2 ·(−0,5) = 2	y = 2
f(0) = −2 ·(0) = 2	y = 2
f(0,5) = −2 ·(0,5) = 1	y = 1
f(1) = −2 ·(1) = 2	y = 2
f(1,5) = −2 ·(1,5) = 3	y = 3
f(2,5) = −2 ·(2,5) = 5	y = 5

5 Die Funktion f hat die Funktionsgleichung y = 1,5x.

a) Vervollständige die Wertetabelle.

x-Wert	x = − 2
Funktionsgleichung:	y = 1,5x
zugehöriger y-Wert:	y = 1,5 · (− 2) = -3
Zahlenpaar:	(− 2 | − 3)
Punkt P auf dem Graphen:	P(− 2 | − 3)

x	− 3	− 2	− 1	0	1	2	3
y	−4,5	− 3	−1,5	0	1,5	3	4,5

b) Zeichne den Graphen der Funktion.

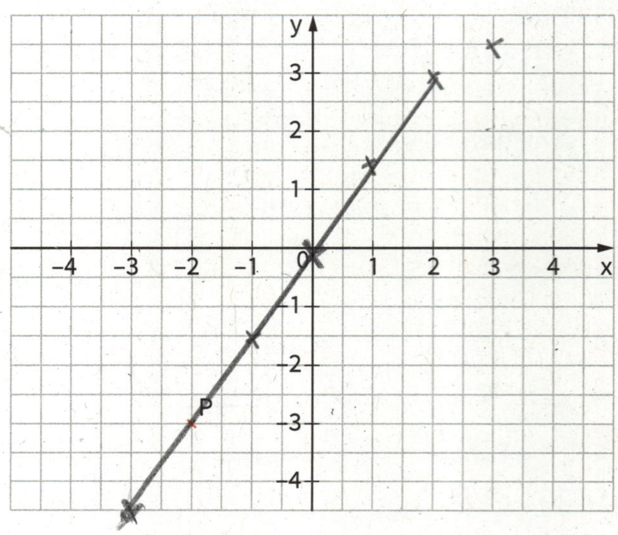

6 Im Koordinatensystem siehst du Ausschnitte der Graphen folgender linearer Funktionen:
f: $y = 2{,}5x$ g: $y = -0{,}5x$

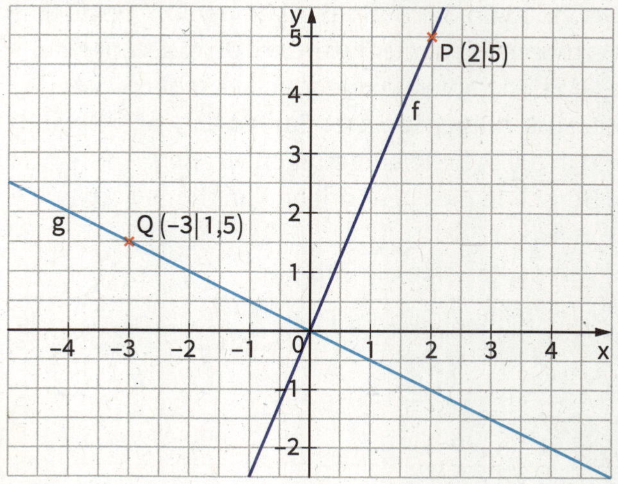

a) Beschreibe Gemeinsamkeiten und Unterschiede.

___

___

b) Setzt du die x-Koordinaten der Punkte P und Q jeweils in die zugehörige Funktionsgleichung ein, erhältst du die y-Koordinaten.

P(2 | 5)	Q(−3 | 1,5)
f: $y = 2{,}5x$ $y = 2{,}5 \cdot 2$ $y = 5$	g: $y = -0{,}5x$ $y = -0{,}5 \cdot (-3)$ $y = 1{,}5$

Punkt R liegt auf dem Graphen von f, Punkt S auf dem Graphen von g. Bestimme jeweils mithilfe des Graphen die fehlenden Koordinaten.

R(1 | ___) S(3 | ___)

Überprüfe dein Ergebnis durch eine Rechnung.

c) Überprüfe durch eine Rechnung, ob die Punkte A(12 | 30) und B(−14 | −40) auf dem Graphen von f liegen.

Antwort: ___

___

7 Zeichne den Graphen der Funktion in das Koordinatensystem.
Da der Graph jeder linearen Funktion mit der Funktionsgleichung $y = mx$ eine Gerade durch den Ursprung (0 | 0) ist, benötigst du nur einen weiteren Punkt, um den Graphen zeichnen zu können. Bestimme zunächst die Koordinaten dieses Punktes.

Funktionsgleichung:	f: $y = 0{,}9x$	
Punkt P:	x-Koordinate:	3
	y-Koordinate:	$0{,}9 \cdot 3 = 2{,}7$
P(3 | 2,7)		

a) f: $y = 0{,}5x$ P(3 | ___)

b) g: $y = x$ P(___ | ___)

c) h: $y = -1{,}5x$ P(___ | ___)

d) k: $y = -0{,}8x$ P(___ | ___)

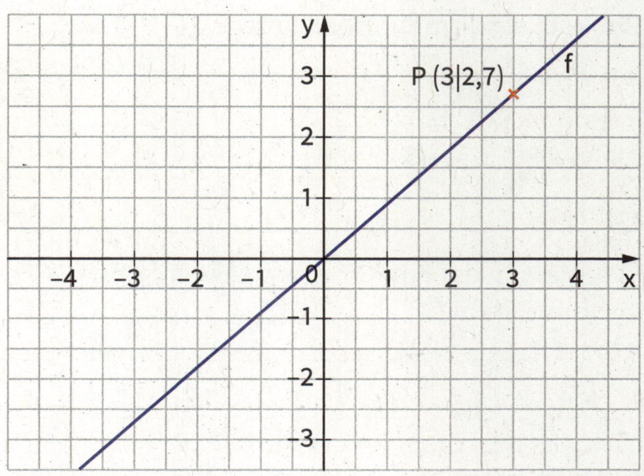

1 Zu der Funktion f mit der Funktionsgleichung y = 2x + 3 und der Definitionsmenge D = ℚ soll eine Wertetabelle angelegt werden. Da die Menge der rationalen Zahlen ℚ unendlich viele Elemente hat, sind zunächst einige Zahlen für x ausgewählt und in die Tabelle eingetragen worden.

a) Berechne die zugehörigen Funktionswerte wie im Beispiel.

b) Vervollständige die Tabelle.

x	−4	−2,5	−2	−1,5	−1	−0,5
y = f(x)	−5	−2	−1	0	1	2

x	0	0,5	1	1,5	2,5	4
y = f(x)	3	2	5	6	8	11

f(x) = 2x + 3		**y = 2x + 3**
f(−2,5)	= 2 · (−2,5) + 3 = −4,5	y = −4,5
f(−2)	= 2·(−2)+3 = 1	y = −1
f(−1,5)	= 2·(−1,5)+ 3 = 0	y = 0
f(−1)	= 2·(−1)+3 = 1	y = 1
f(−0,5)	= 2·(−0,5)+3 = 2	y = 2
f(0)	= 2·(0)+3 = 3	y = 3
f(0,5)	= 2·(0,5)+3 = 4	y = 4
f(1)	= 2·(1)+3 = 5	y = 5
f(1,5)	= 2·(1,5)+3 = 6	y = 6
f(2,5)	= 2·(2,5)+3 = 8	y = 8

2 Die Funktionen f und g haben die folgenden Funktionsgleichungen:

f: y = 0,5x   g: y = 0,5x + 3

Die Definitionsmenge ist jeweils die Menge der rationalen Zahlen ℚ.

a) Vervollständige für beide Funktionen die zugehörigen Wertetabellen wie im Beispiel.

x-Wert:	x = −1
zugehöriger y-Wert:	f: y = 0,5x y = 0,5 · (−1) = −0,5
Zahlenpaar:	(−1 | −0,5)
Punkt P auf dem Graphen von f:	P(−1 | −0,5)
zugehöriger y-Wert:	g: y = 0,5x + 3 y = 0,5 · (−1) + 3 = 2,5
Zahlenpaar:	(−1 | 2,5)
Punkt Q auf dem Graphen von g:	Q(−1 | 2,5)

x	−3	−2	−1	0	1	2
f: y = 0,5x	−5	−1	−0,5	0	0,5	1,5
g: y = 0,5x + 3	1,5	2	2,5	3	3,5	4,5

c) Trage die Wertepaare jeweils als Punkte in das Koordinatensystem ein und zeichne die Geraden.

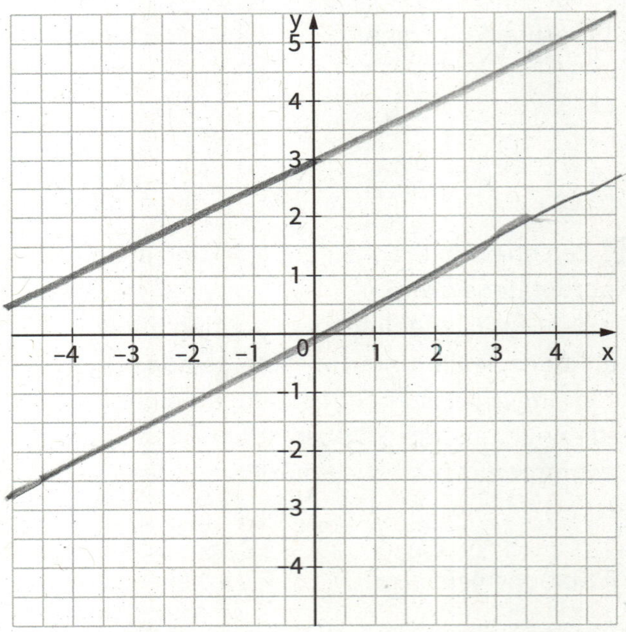

b) Vergleiche die Funktionswerte von f und g. Was fällt dir auf?

Antwort: Die Funktionswert von g sind immer um 3 größer

d) Vergleiche die Graphen miteinander. Was stellst du fest?

Antwort: Sie verlaufen parallel

C Lineare Funktionen mit der Funktionsgleichung y = mx + n

3 Um den Graphen einer linearen Funktion mit der Funktionsgleichung y = mx + n zeichnen zu können, benötigst du nur zwei Punkte auf dem Graphen.
Zeichne den Graphen der Funktion wie im Beispiel. Berechne dazu zunächst die y-Koordinaten zweier geeigneter Punkte P und Q.

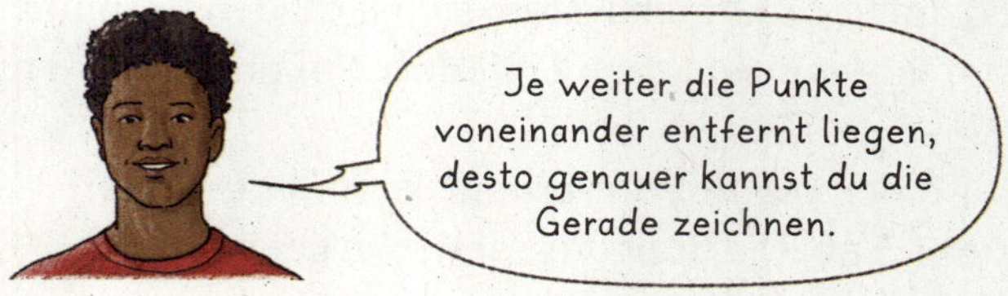

f: y = − 1,5x − 1

x-Wert:	x = 2
zugehöriger y-Wert:	y = − 1,5 · 2 − 1 = -4
Punkt P der Geraden:	P(2 | − 4)
x-Wert:	x = − 2
zugehöriger y-Wert:	y = − 1,5 · (− 2) − 1 = 2
Punkt Q der Geraden:	Q(− 2 | 2)

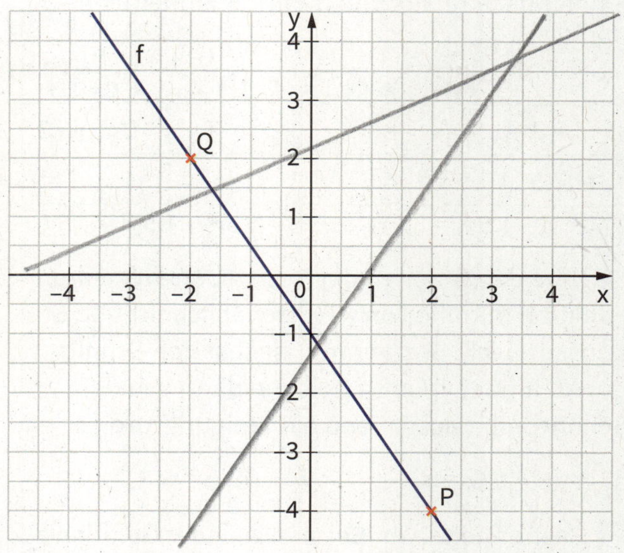

a) g: y = 0,5x + 2 P(3 | 3,5) Q(− 3 | 0,5)

b) h: y = − 1,5x − 2 P(1 | 2,5) Q(− 3 | 2,5)

c) k: y = 2x − 1,5 P(2 | 3,5) Q(− 1 | −3,5)

4 Im Koordinatensystem siehst du den Graphen der Funktion g mit der Funktionsgleichung y = 2x + 1,5.
Die Gerade schneidet die y-Achse im Punkt P(0 | 1,5). n = 1,5 heißt y-Achsenabschnitt.
Der Faktor 2 vor x gibt an, dass sich der y-Wert um 2 erhöht, wenn sich der x-Wert um 1 erhöht.
m = 2 wird die Steigung der Funktion genannt.

+1 +1 +1 +1 +1 +1

x	− 3	− 2	− 1	0	1	2	3
y	− 4,5	− 2,5	− 0,5	1,5	3,5	5,5	7,5

+2 +2 +2 +2 +2 +2

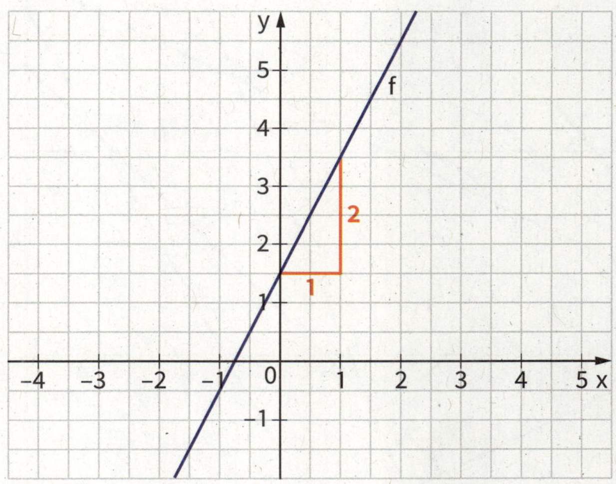

In dem Steigungsdreieck an die Gerade wird das zeichnerisch dargestellt.
Zeichne den Graphen der angegebenen linearen Funktion mithilfe von y-Achsenabschnitt und Steigungsdreieck. Bestimme zunächst mithilfe des y-Achsenabschnitts den Schnittpunkt mit der y-Achse.
Zeichne dann von dem Schnittpunkt ausgehend ein Steigungsdreieck ein.

a) g: y = 2x − 1
y-Achsenabschnitt: 1 Steigung: 2

b) h: y = 1,5x + 3
y-Achsenabschnitt: 3 Steigung: 1,5

c) k: y = 0,5x − 2
y-Achsenabschnitt: 2 Steigung: 0,5

5 Im Koordinatensystem siehst du den Graphen der linearen Funktion f mit der Funktionsgleichung $y = -1{,}5x + 3$.
Wird der x-Wert um 1 erhöht, nimmt der y-Wert um 1,5 ab. Die Steigungsdreiecke gehen dann von einem beliebigen Punkt der Geraden aus eine Einheit nach rechts und dann 1,5 Einheiten nach unten.

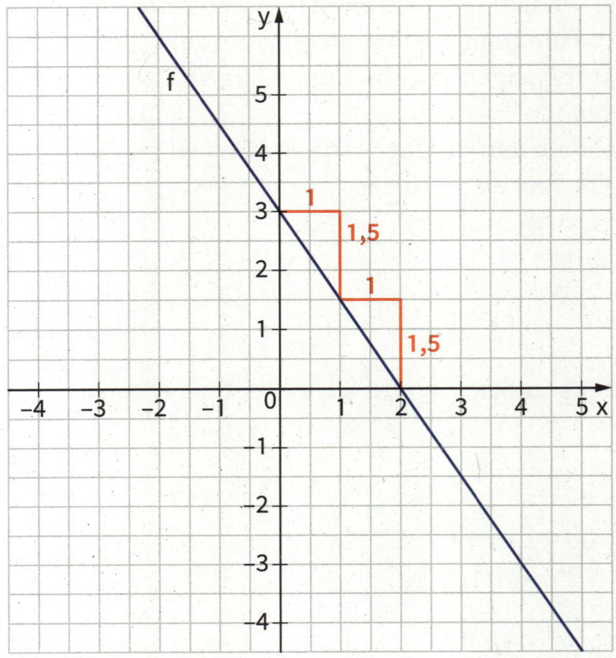

x	− 3	− 2	− 1	0	1	2	3
y	7,5	6	4,5	3	1,5	0	− 1,5

(x-Werte jeweils + 1; y-Werte jeweils − 1,5)

Zeichne den Graphen der angegebenen linearen Funktion mithilfe von y-Achsenabschnitt und Steigungsdreieck. Bestimme zunächst den Schnittpunkt mit der y-Achse, zeichne dann von dem Schnittpunkt ausgehend ein Steigungsdreieck ein.

a) g: $y = -0{,}5x + 4$ b) h: $y = 1{,}5x - 3$ c) k: $y = 0{,}5x - 1$ d) l: $y = -x + 1{,}5$

6 Bestimme wie im Beispiel zu jeder Geraden zunächst den y-Achsenabschnitt n. Bestimme dann die Steigung m. Gehst du vom Schnittpunkt mit der y-Achse aus eine Einheit nach rechts, musst du anschließend m Einheiten nach oben (m > 0) oder m Einheiten nach unten (m < 0) gehen, um wieder auf einen Punkt der Geraden zu treffen. Gib dann die Funktionsgleichung an.

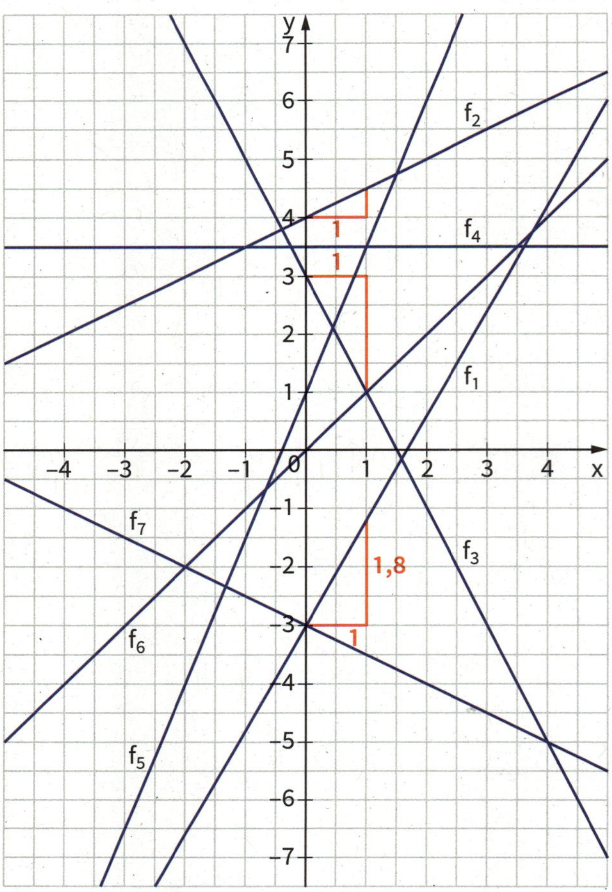

Funktion f_1:
Schnittpunkt mit der y-Achse: (0 | − 3)
y-Achsenabschnitt: n = − 3
Steigung: m = 1,8
Funktionsgleichung von f_1: $y = 1{,}8x - 3$

f_2: y-Achsenabschnitt: 4 Steigung: 0,5
Funktionsgleichung: 0,5x+4

f_3: y-Achsenabschnitt: 3 Steigung: -2
Funktionsgleichung: 3,5:0

f_4: y-Achsenabschnitt: ____ Steigung: ____
Funktionsgleichung: ____________

f_5: y-Achsenabschnitt: ____ Steigung: ____
Funktionsgleichung: ____________

f_6: y-Achsenabschnitt: ____ Steigung: ____
Funktionsgleichung: ____________

f_7: y-Achsenabschnitt: ____ Steigung: ____
Funktionsgleichung: ____________

1 In dem Koordinatensystem siehst du die Graphen zweier Funktionen, die für die Obstsorte der Masse (kg) jeweils den Verkaufspreis (€) zuordnen.

a) Vergleiche beide Funktionsgraphen miteinander. Was stellst du fest?

Antwort: ____________________________________

____

b) Bestimme jeweils die Steigung der Geraden. Was gibt die Steigung an?

Antwort: ____________________________________

____

c) Ein Kilogramm Mirabellen kostet 1,50 €, ein Kilogramm Äpfel 1,90 €.
Zeichne für beide Stoffe die Graphen der Funktionen „Masse (kg) → Preis (€)“ in das Koordinatensystem. Gib jeweils die Funktionsgleichung an.

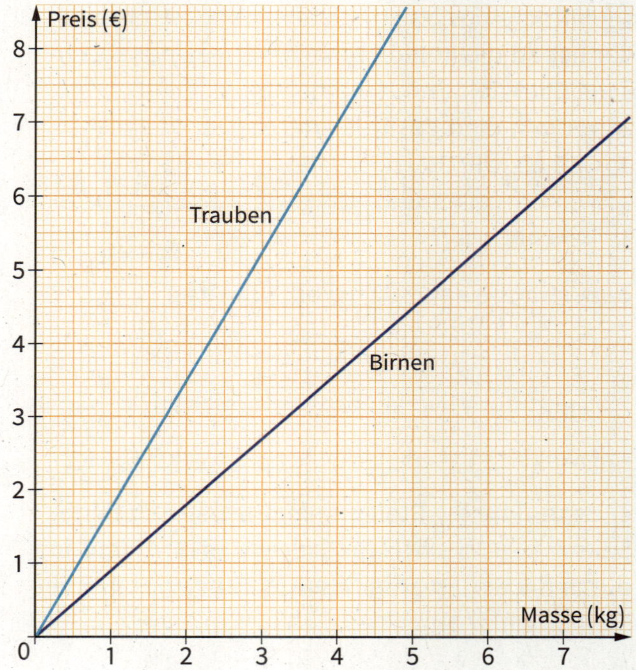

Mirabellen: ____________ Äpfel: ____________

2 Fichtenholz hat eine Dichte von 0,5 $\frac{g}{cm^3}$, Papier eine Dichte von 0,8 $\frac{g}{cm^3}$, Sandstein von 2,4 $\frac{g}{cm^3}$ und Granit eine Dichte von 2,8 $\frac{g}{cm^3}$.

a) Die Zuordnung „Volumen (cm^3) → Masse (g)“ ist eine lineare Funktion.
Gib jeweils die Funktionsgleichungen an.

Papier: y = 0,8x Fichtenholz: ____________

Sandstein: ____________ Granit: ____________

b) Zeichne die zugehörigen Graphen.

c) Was gibt die Steigung jeweils an?

Antwort: ____________________________________

____

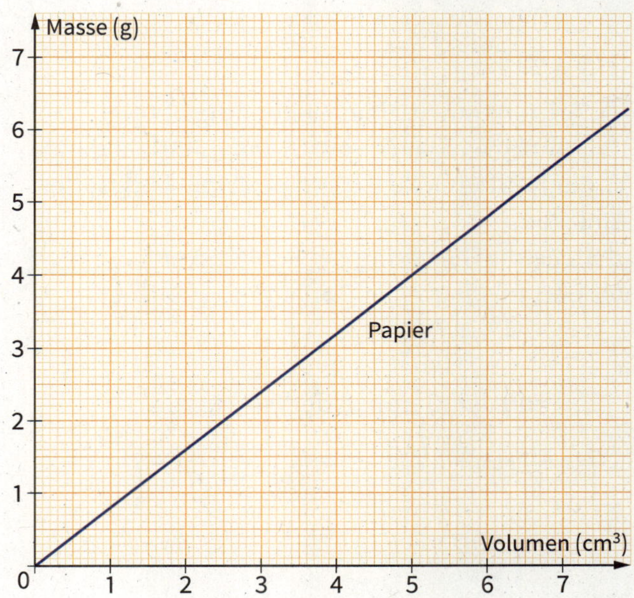

3 Herr Schewe fährt mit seinem Lkw eine längere Strecke mit einer Durchschnittsgeschwindigkeit von 60 $\frac{km}{h}$, Frau Fritsch fährt mit ihrem Roller die gleiche Strecke mit einer Durchschnittsgeschwindigkeit von 30 $\frac{km}{h}$ und Frau Hechler fährt mit ihrem Pkw durchschnittlich 90 $\frac{km}{h}$.
Die Zuordnung „Zeit (min) → Strecke (km)“ ist eine lineare Funktion. Gib jeweils die Funktionsgleichung an.

Herr Schewe: y = ____________

Frau Fritsch: y = ____________

Frau Hechler: y = ____________

4 Mithilfe des abgebildeten Funktionsgraphen kannst du die Kosten bestimmen, die für elektrische Energie bezahlt werden muss.
a) Vervollständige die Wertetabelle.

Energie (kWh)	0	1000	2000	3000
Preis (€)				

b) Bestimme den y-Achsenabschnitt n.

n = ___________

Was gibt der y-Achsenabschnitt hier an?

Antwort: ___________________________________

c) Bestimme die Steigung m. Dividiere dazu die Seitenlänge des Steigungsdreiecks in y-Richtung durch die Seitenlänge in x-Richtung. Was gibt die Steigung hier an?

$m = \frac{\quad}{1000} = $ ______

Antwort: ___________________________________

____

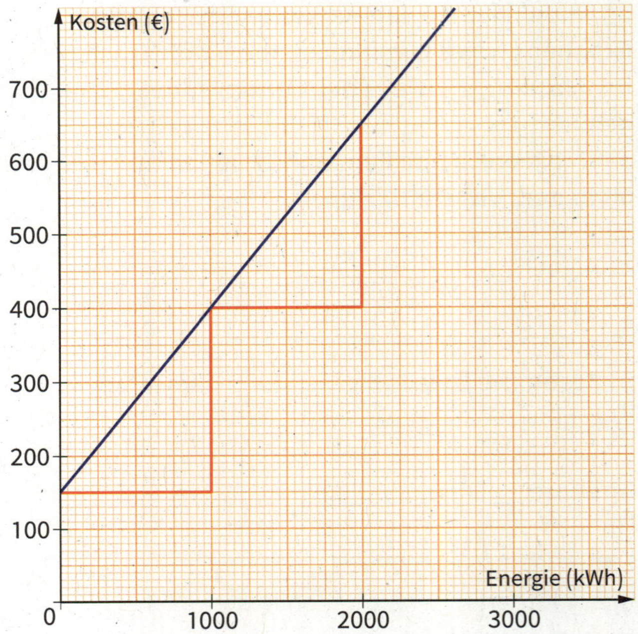

d) Gib die Funktionsgleichung an. Überprüfe sie mithilfe der Werte in deiner Wertetabelle.

y = _______________

5 Der Tankinhalt eines Generators beträgt 15 Liter. Er verbraucht pro Stunde Betriebsdauer 2 Liter Kraftstoff. Zu Beginn des Einsatzes ist der Tank voll.
a) Stelle die Gleichung der Funktion auf, die der Betriebsdauer den Tankinhalt zuordnet.

y = ___________

b) Zeichne den Graphen der Funktion.

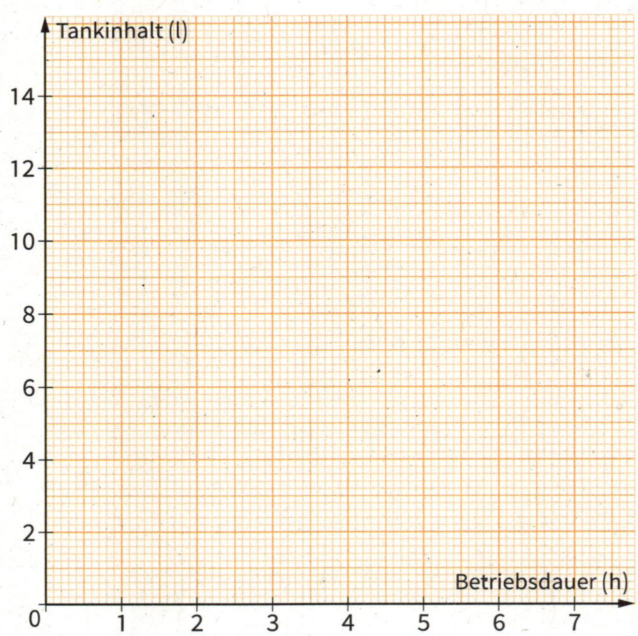

6 Zwei Gefäße werden gleichzeitig mit Wasser befüllt. Im Gefäß A beträgt der Wasserstand zu Beginn des Füllvorgangs 8 cm, pro Minute erhöht sich der Wasserstand um 0,5 cm. Gefäß B ist zu Beginn leer, der Wasserstand wird um 1,5 cm pro Minute erhöht.
Wie lange muss der Füllvorgang dauern, damit beide Wasserstände gleich hoch sind?
Löse die Aufgabe mithilfe der Graphen der Funktionen „Fülldauer → Wasserstand".

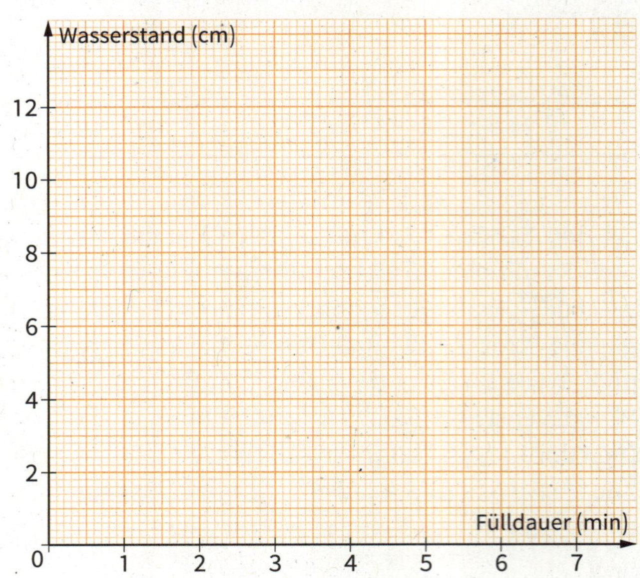

Antwort: ___________________________________

1 a) Zeichne die Graphen der angegebenen Funktionen in das Koordinatensystem.
f: $y = 2x + 3$ g: $y = -x + 4$ h: $y = 0{,}5x - 2{,}5$
b) Bestimme anhand der Graphen die Schnittpunkte mit der x-Achse. Überprüfe deine Ergebnisse durch Rechnungen.

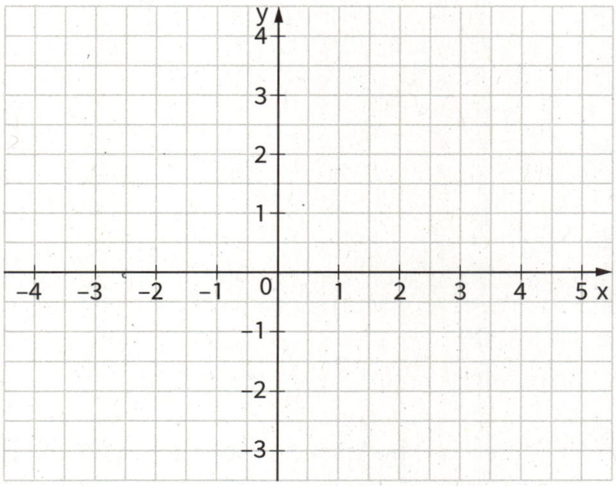

Schnittpunkte mit der x-Achse:

f: P(____|0)   g: Q(____|0)   h: R(____|0)

2 a) Zeichne die Graphen der angegebenen Funktionen in das Koordinatensystem.
f: $y = 2x - 3$ g: $y = -1{,}5x + 4$
b) Gib die Koordinaten des Schnittpunktes der beiden Graphen an. Überprüfe dein Ergebnis durch Lösen einer Gleichung.

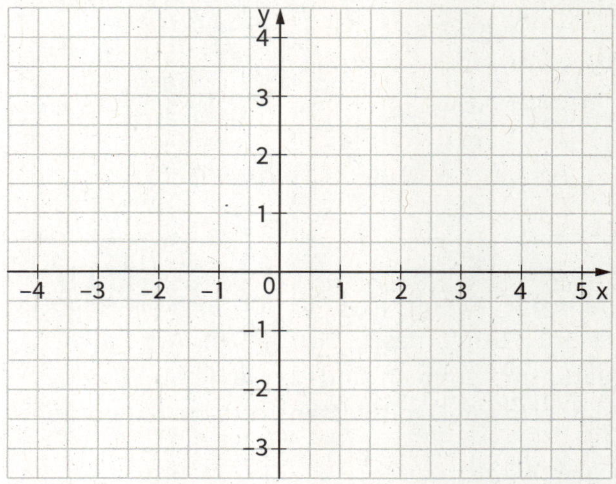

Koordinaten des Schnittpunktes:

S(____|____)

3 Der Graph der linearen Funktion f verläuft durch die Punkte P(–2|–2) und Q(2|4), der Graph der linearen Funktion g durch die Punkte R(–1|4) und S(4|–2).
Bestimme die Funktionsgleichungen.

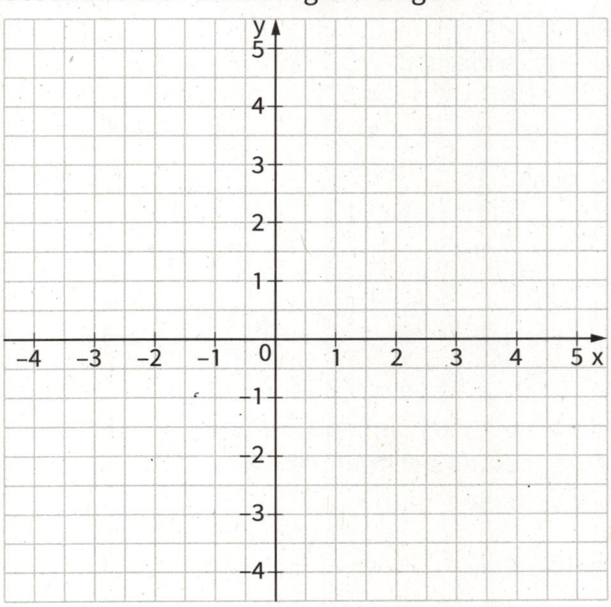

f: ______   g: ______

4 Ein Energieunternehmen bietet für die Nutzung elektrischer Energie zwei Tarife an:
Single (20 Cent pro kWh, 150 € Grundpreis pro Jahr) und Family (15 Cent pro kWh, 250 € Grundpreis pro Jahr). Ab welchem Jahresverbrauch ist der Tarif „Family" günstiger?

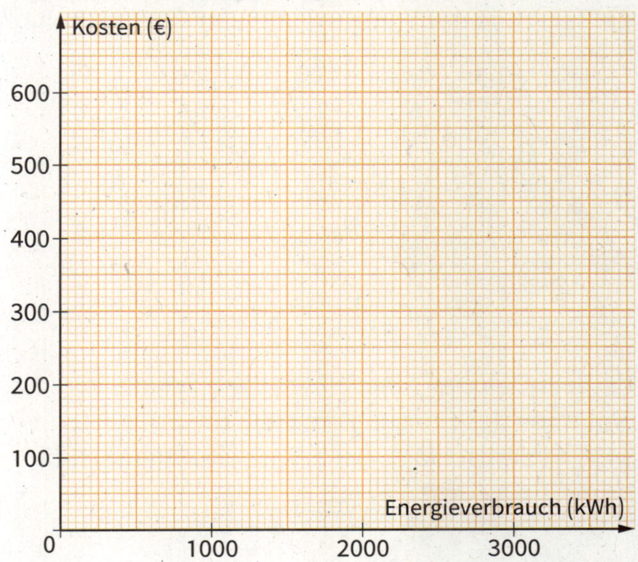

Antwort: ______________________________

____

____

Diagnosetest 5

A Volumen und Oberflächeninhalt eines Zylinders

1 Berechne das Volumen und den Oberflächeninhalt des Zylinders. Runde dein Ergebnis auf zwei Stellen nach dem Komma.

a)

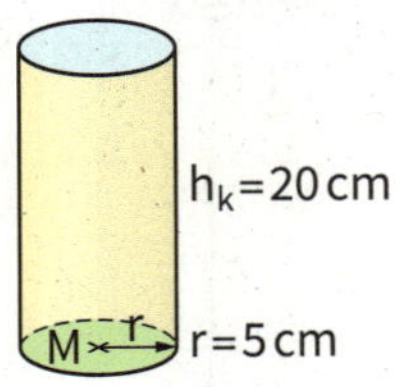

b)

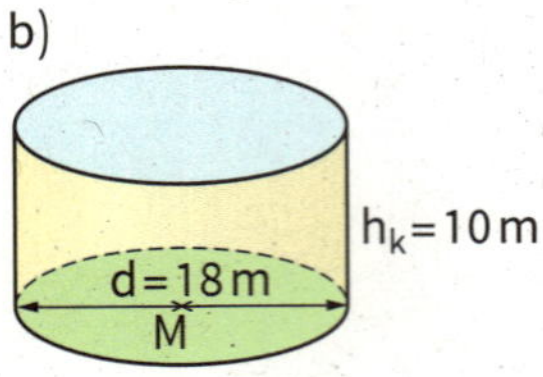

a) $V \approx$ ______________ $O \approx$ ______________

b) $V \approx$ ______________ $O \approx$ ______________

2 Ein 8,60 m hohes zylinderförmiges Getreidesilo hat einen Durchmesser von 3,40 m. Wie viel Quadratmeter Blech sind für die Herstellung des Zylindermantels mindestens verarbeitet worden?

Antwort: ______________________________

3 Der innere Durchmesser einer 5 cm hohen Konservendose beträgt 9 cm. Überprüfe, ob der Inhalt der Dose mit 320 ml richtig angegeben ist.

Antwort: ______________________________

B Volumen und Oberflächeninhalt einer Pyramide

1 Berechne das Volumen und den Oberflächeninhalt der Pyramide.

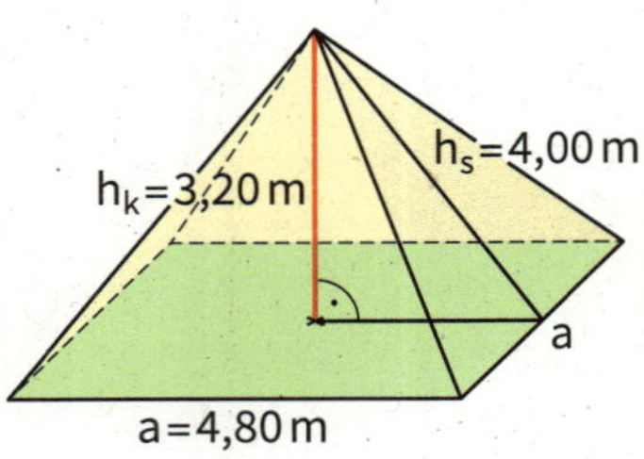

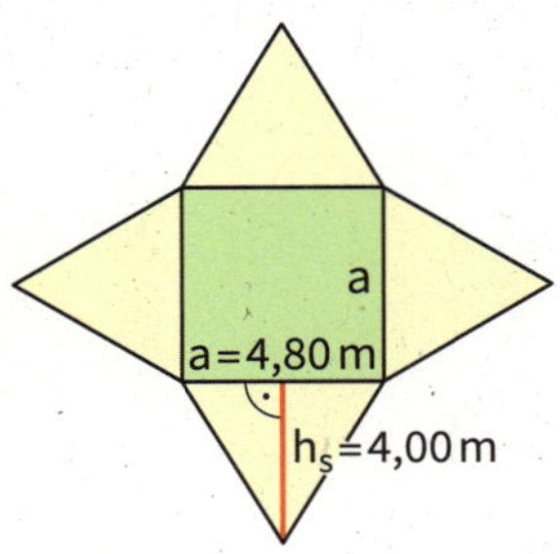

$V =$ ______________ $O =$ ______________

2 Beim Neubau eines Hauses werden die voraussichtlichen Baukosten anhand des umbauten Raumes (Volumen des Hauses) ermittelt. Die Baukosten für den abgebildeten Dachraum werden mit insgesamt 9408 € veranschlagt. Bestimme die voraussichtlichen Kosten für einen Kubikmeter.

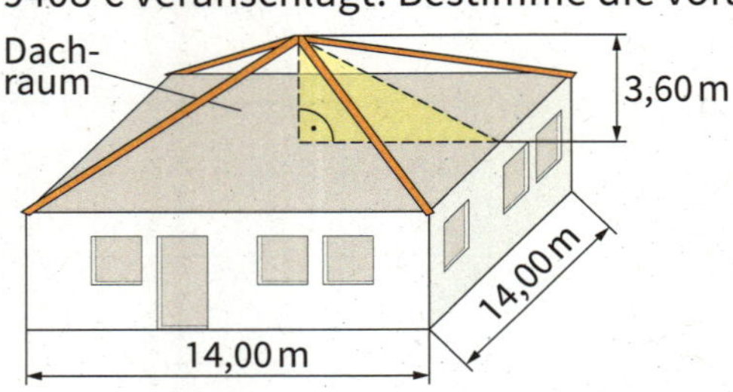

Voraussichtliche Kosten für 1 m^3: ______________________________

C Volumen und Oberflächeninhalt eines Kegels

1 Berechne das Volumen und den Oberflächeninhalt des abgebildeten Kegels. Runde deine Ergebnisse jeweils auf zwei Stellen nach dem Komma.

a)

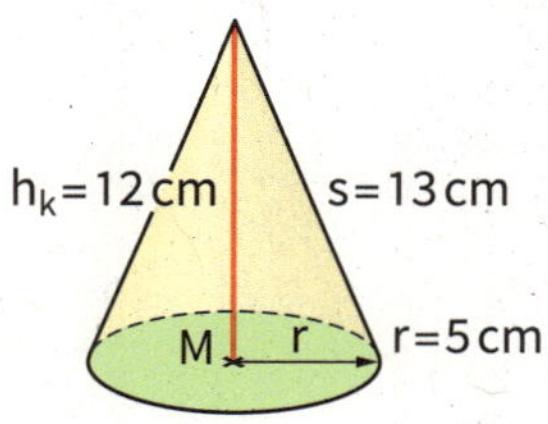

V ≈ ____________

O ≈ ____________

b)

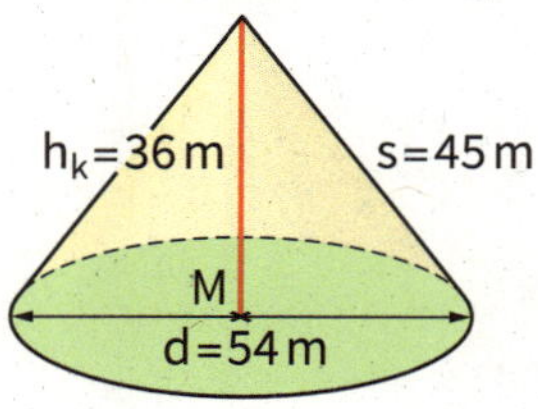

V ≈ ____________

O ≈ ____________

2 Das Dach eines Kirchturms hat die Form eines Kegels. Der Radius beträgt 4,50 m und die Mantellinie 20,50 m. Das Dach wird mit Dachpfannen neu eingedeckt. Für einen Quadratmeter Dachfläche werden 22 Dachpfannen benötigt. Wie viele Dachpfannen werden insgesamt benötigt?

Antwort: ____________

D Zusammengesetzte Körper

1 Berechne das Volumen und den Oberflächeninhalt des Körpers. Runde deine Ergebnisse jeweils auf zwei Stellen nach dem Komma.

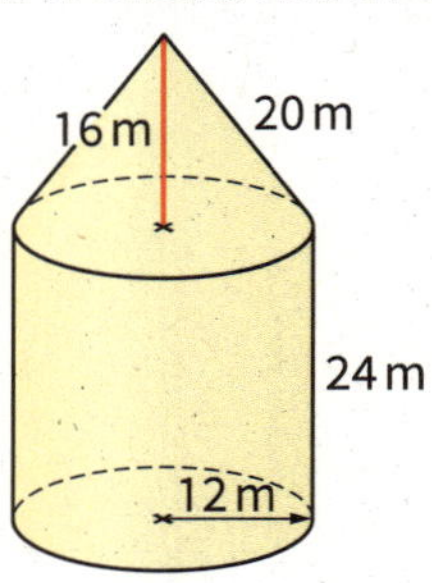

V ≈ ____________ O ≈ ____________

2 Bestimme die Masse des Körpers aus Aluminium ($\rho = 2{,}7\ g/cm^3$). Gib dein Ergebnis in Kilogramm an.

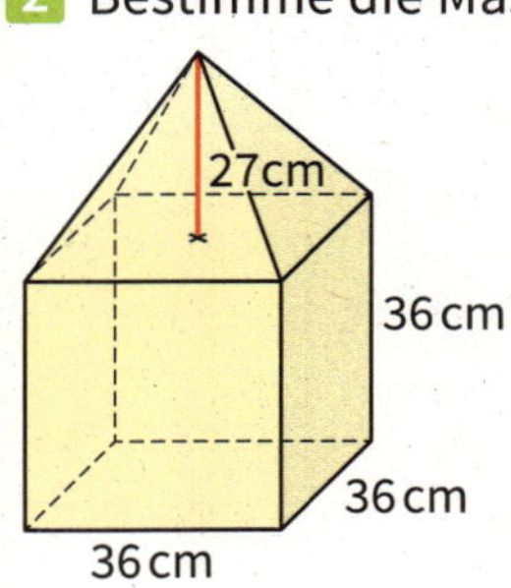

Masse des Körpers: ____________

Kreuze deine richtigen Ergebnisse an.

A Volumen und Oberflächeninhalt eines Zylinders

1 a) $V \approx 1\,570{,}80\ cm^3$ ☐ $O \approx 785{,}40\ cm^2$ ☐
b) $V \approx 2\,544{,}69\ m^3$ ☐ $O \approx 1\,074{,}42\ m^2$ ☐

2 $M \approx 91{,}86$ ☐

3 Ja, denn $V \approx 318$ ml ☐

B Volumen und Oberflächeninhalt einer Pyramide

1 $V = 24{,}576\ m^3$ ☐ $O = 61{,}44\ m^2$ ☐

2 40 € ☐

C Volumen und Oberflächeninhalt eines Kegels

1 a) $V \approx 314{,}16\ cm^3$ ☐ $O \approx 282{,}74\ cm^2$ ☐
b) $V \approx 27482{,}65\ m^3$ ☐ $O \approx 6107{,}26\ m^2$ ☐

2 6376 Dachpfannen werden benötigt. ☐

D Zusammengesetzte Körper

1 a) $V \approx 13270{,}08\ cm^3$ ☐ $O \approx 3015{,}93\ cm^2$ ☐

2 $m = 157{,}464$ kg ☐

Tabelle zur Selbsteinschätzung

Kreuze für jedes Teilthema das Feld an, das nach deiner Einschätzung für dich zutrifft. Die Seitenangabe in dem angekreuzten Feld nennt dir dann die Seite, auf der du weiterarbeiten solltest.

Teilthemen	Ich hatte bei fast allen Aufgaben Schwierigkeiten.	Ich hatte bei einigen Aufgaben Schwierigkeiten.	Ich hatte bei allen Aufgaben keine Schwierigkeiten
A	☐ Seite 57	☐ Seite 59	☐ Seite 68
B	☐ Seite 60	☐ Seite 62	☐ Seite 68
C	☐ Seite 63	☐ Seite 65	☐ Seite 68
D	☐ Seite 66	☐ Seite 67	☐ Seite 68

A Volumen eines Zylinders

1 Die Abbildungen zeigen Gegenstände, die jeweils die Form eines Zylinders haben. Welches Volumen (Fassungsvermögen) gehört zu welchem Zylinder? Ordne zu.

Volumen (Fassungsvermögen)
200 Liter (l) 300 Kubikmeter (m^3)
425 Kubikzentimeter (cm^3) 5 Liter

Dose

Silo

Abfalleimer

Versandtonne

______________ ______________ ______________ ______________

2 Das zylinderförmige Glasgefäß soll vollständig mit Wasser gefüllt werden. Wie viel Kubikzentimeter Wasser fasst das Gefäß? Vervollständige die einzelnen Schritte. Runde auf zwei Stellen nach dem Komma.

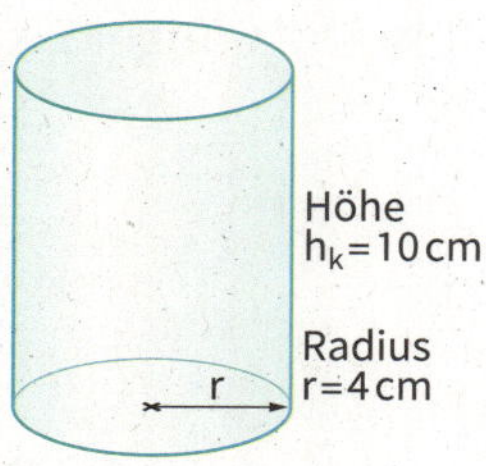

1. Inhalt der Grundfläche

$G = \pi \cdot r^2$

$G = \pi \cdot 4^2$

$G \approx$ ______________

2. Volumen des Zylinders

$V = G \cdot h_k$

$V \approx$ ______________ $\cdot\ 10$

$V \approx$ ______________

Das Volumen des Zylinders beträgt ungefähr ______________ cm^3.

3 Berechne das Volumen des Zylinders mit den angegebenen Maßen. Runde dein Ergebnis auf zwei Nachkommastellen.

a) $r = 24\,cm$; $h_k = 6\,cm$

$G \approx$ ______________

$V \approx$ ______________

b) $d = 4{,}20\,m$; $h_k = 3{,}60\,m$

$G \approx$ ______________

$V \approx$ ______________

A Oberflächeninhalt eines Zylinders

1

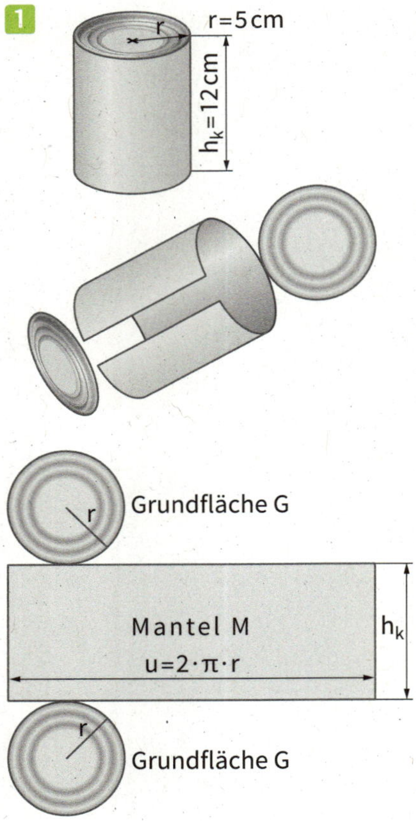

Der Materialbedarf der abgebildeten Konservendose soll bestimmt werden. Dafür muss der Oberflächeninhalt berechnet werden. Vervollständige die einzelnen Schritte. Runde jedes Ergebnis auf zwei Stellen nach dem Komma.

1. Inhalt der Grundfläche (Kreis)

   $G = \pi \cdot r^2 = \pi \cdot 5^2 \approx$ ______________________

   Der Inhalt der Grundfläche beträgt ungefähr ____________ cm^2.

2. Flächeninhalt des Mantels (Rechteck)

   $M = u \cdot h_k = 2 \cdot \pi \cdot r \cdot h_k = 2 \cdot \pi \cdot 5 \cdot 12 \approx$ ______________________

   Der Flächeninhalt des Mantels beträgt ungefähr ____________ cm^2.

3. Oberflächeninhalt des Zylinders

   $O = 2 \cdot G + M =$ ______________________

   Der Oberflächeninhalt beträgt ungefähr ____________ cm^2.

2 Ergänze in dem Netz des Zylinders zunächst die fehlenden Größen. Berechne anschließend den Inhalt der Grundfläche, den Flächeninhalt des Mantels und den Oberflächeninhalt des Zylinders. Runde deine Ergebnisse jeweils auf zwei Nachkommastellen.

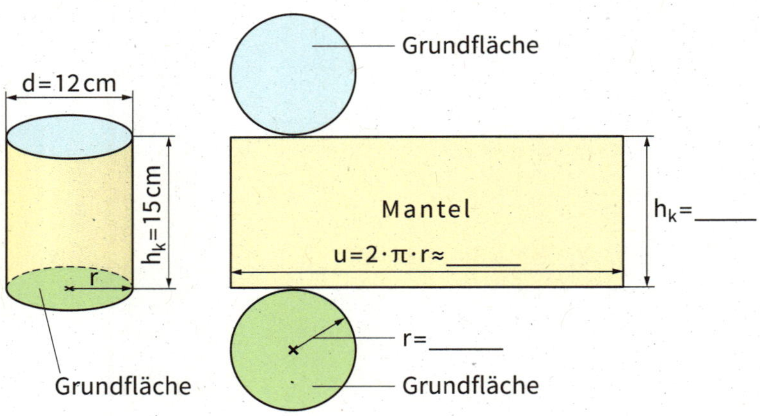

G ≈ ______________________ M ≈ ______________________ O ≈ ______________________

3 Berechne den Oberflächeninhalt des Zylinders mit den abgebildeten Maßen. Runde sinnvoll.

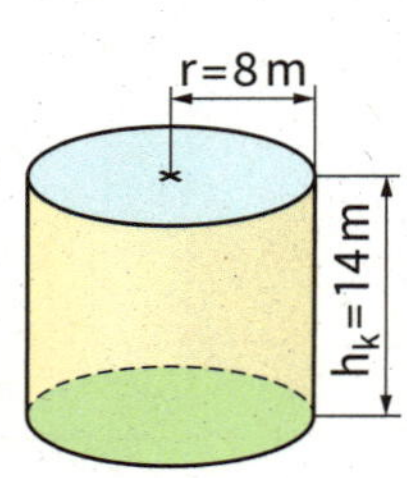

G ≈ ______________________

M ≈ ______________________

O ≈ ______________________

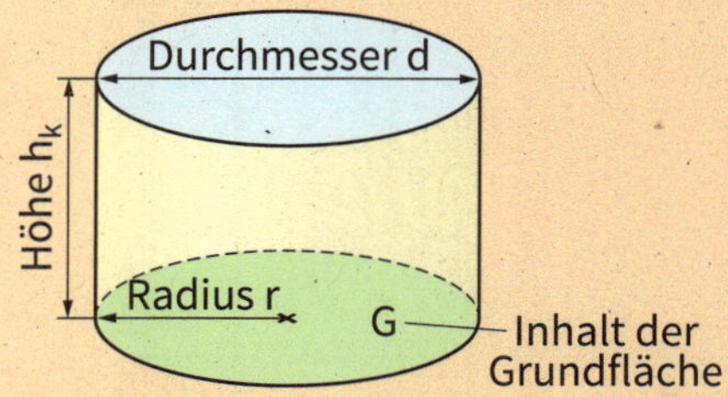

Volumen eines Zylinders

$\mathbf{V = G \cdot h_k}$

$\mathbf{V = \pi \cdot r^2 \cdot h_k}$

1 Berechne das Volumen des abgebildeten Zylinders. Runde dein Ergebnis auf zwei Stellen nach dem Komma.

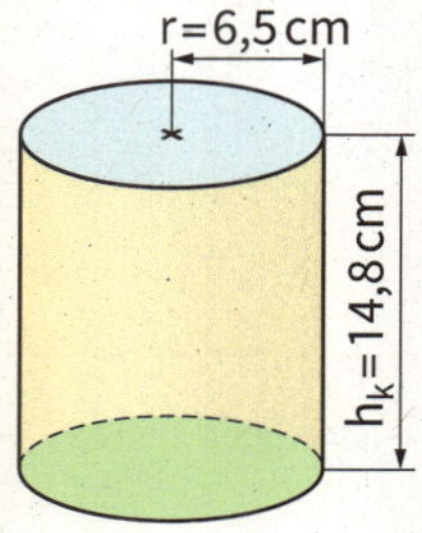

V ≈ ______________________

2 Wie groß ist das Fassungsvermögen (Volumen) der abgebildeten Konservendose? Gib dein Ergebnis in Milliliter an. Runde sinnvoll.

$1\ dm^3 = 1\ l$
$1\ cm^3 = 1\ ml$

Antwort: ______________________

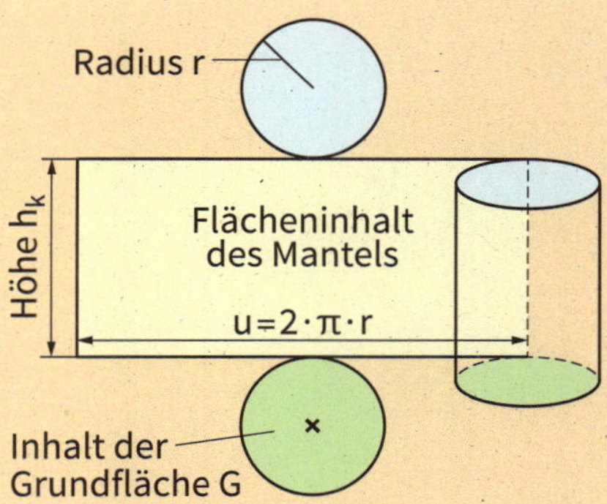

Flächeninhalt des Mantels

$\mathbf{M = u \cdot h_k}$

$\mathbf{M = 2 \cdot \pi \cdot r \cdot h_k}$

Oberflächeninhalt eines Zylinders

$\mathbf{O = 2 \cdot G + M}$

$\mathbf{O = 2 \cdot \pi \cdot r^2 + 2 \cdot \pi \cdot r \cdot h_k}$

3 Berechne den Oberflächeninhalt des Zylinders. Runde dein Ergebnis auf zwei Nachkommastellen.

a)

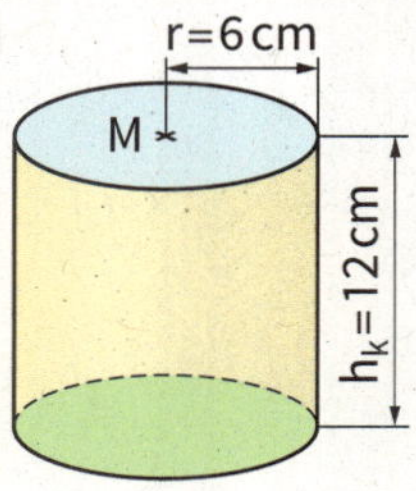

b)

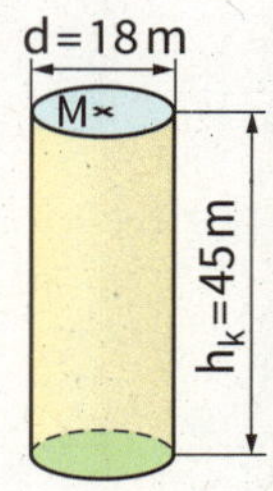

O ≈ ______________ O ≈ ______________

4 Wie viel Quadratmeter Blech werden für die Herstellung von 200 000 Dosen mindestens benötigt? Runde sinnvoll.

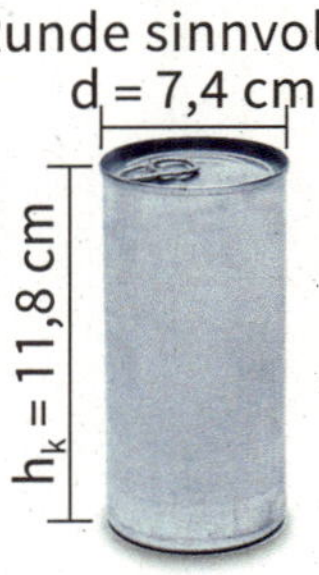

$1\ m^2 = 100\ dm^2$
$1\ dm^2 = 100\ cm^2$
$1\ cm^2 = 100\ mm^2$

Antwort: ______________________

B Volumen einer Pyramide

1 In der Abbildung siehst du verschiedene Pyramiden. Notiere die ebene Figur, aus der die Grundfläche besteht.

I
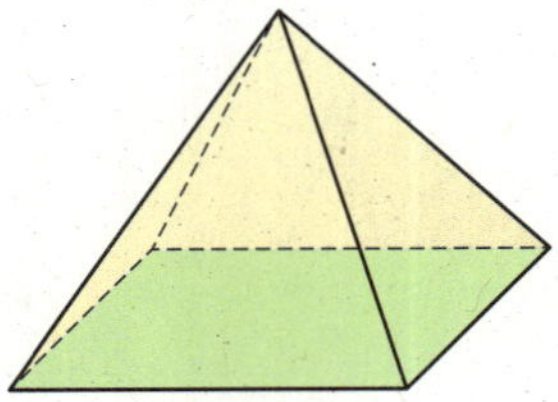

II
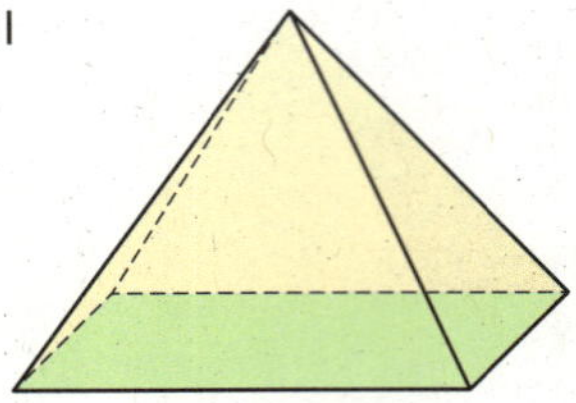

III
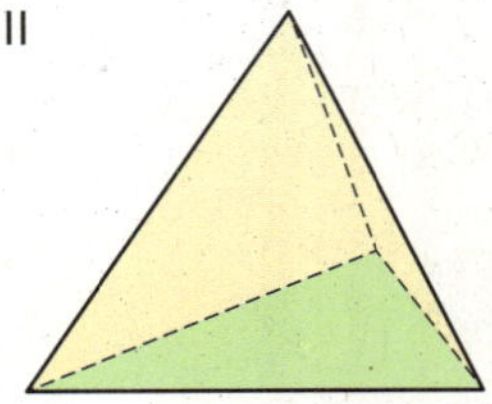

IV
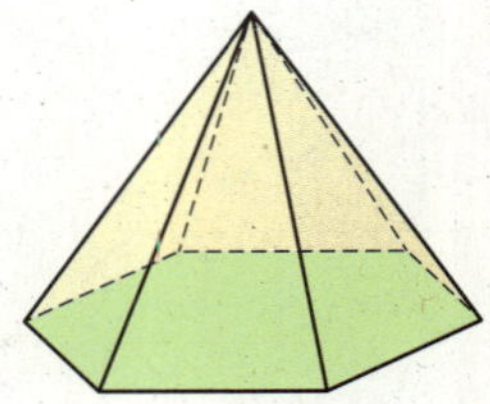

____________ ____________ ____________ ____________

2 Berechne das Volumen der abgebildeten Pyramide mit a = 5 m und h_k = 3 m. Vervollständige dazu die einzelnen Schritte.

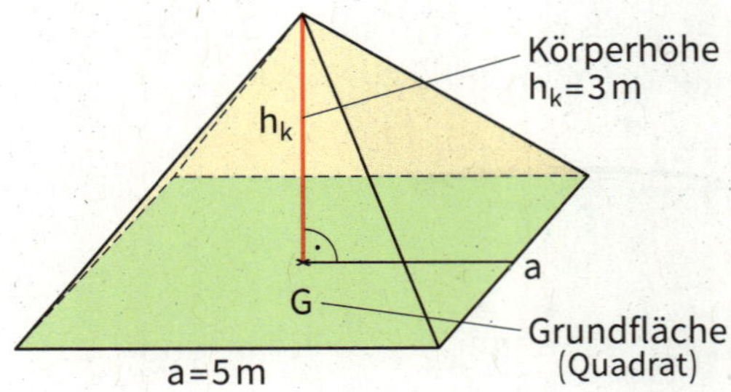

1. Inhalt der Grundfläche

$G = a^2$

G = ____________

G = ____________

2. Volumen der Pyramide

$V = \frac{1}{3} \cdot G \cdot h_k$

V = ____________

V = ____________

Das Volumen der Pyramide beträgt

____________ m^3.

3 Berechne das Volumen der Pyramide. Bestimme zunächst den Inhalt der Grundfläche.

I
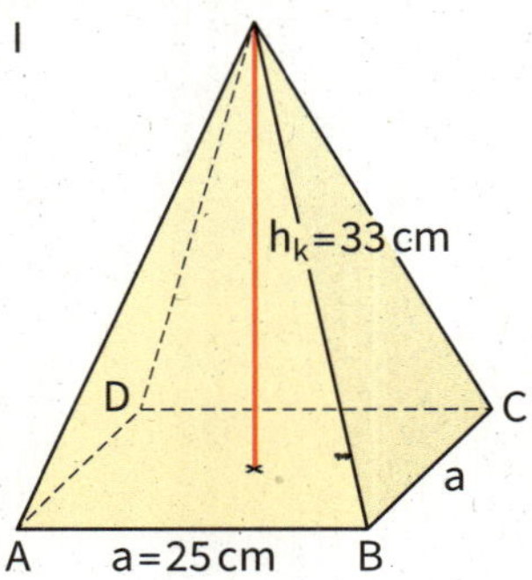

II
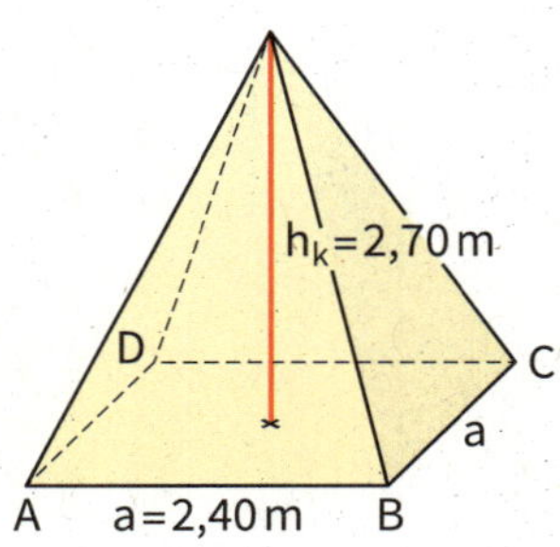

G = ____________ G = ____________

V = ____________ V = ____________

4 Berechne das Volumen der Pyramide. Überlege zunächst, welche Form die Grundfläche hat.

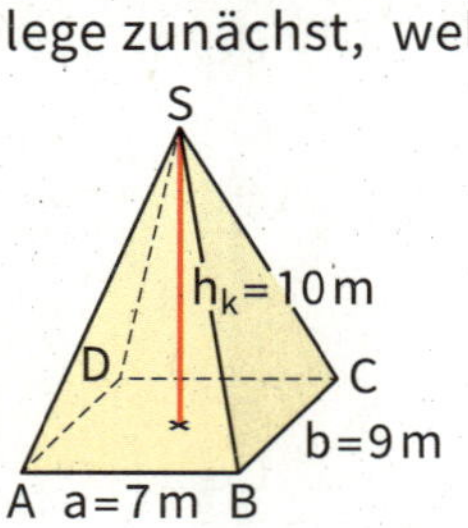

G = ____________ V = ____________

B Oberflächeninhalt einer Pyramide

1 a) Ergänze in dem Netz der Pyramide die fehlenden Größen.
b) Aus welchen Seitenflächen setzt sich die Oberfläche der Pyramide zusammen?

____

____

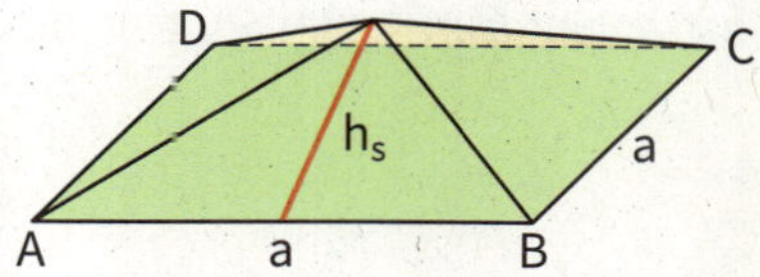

$a = 9\,m$; $h_s = 5\,m$

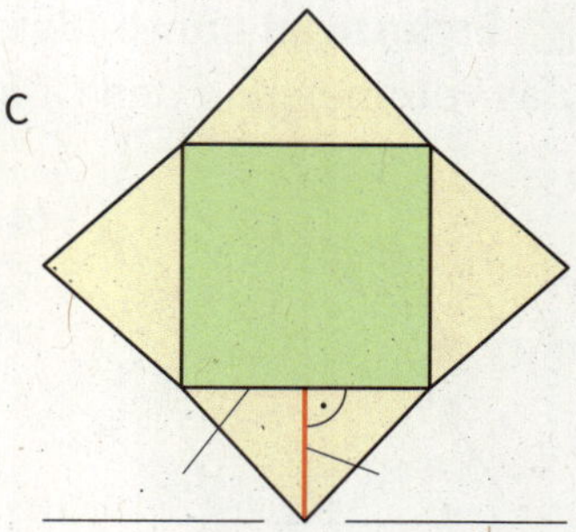

c) Berechne den Oberflächeninhalt der Pyramide. Vervollständige dazu die einzelnen Schritte.

1. Inhalt der Grundfläche	2. Inhalt einer Seitenfläche	3. Inhalt der Mantelfläche	4. Oberflächeninhalt
$G = a^2$	$A = \frac{a \cdot h_s}{2}$	$M = 4 \cdot A$	$O = G + M$
G = ______	A = ______	M = ______	O = ______
G = ______	A = ______	M = ______	O = ______

Der Oberflächeninhalt der Pyramide beträgt ______ m^2.

2 Berechne den Oberflächeninhalt der Pyramide.

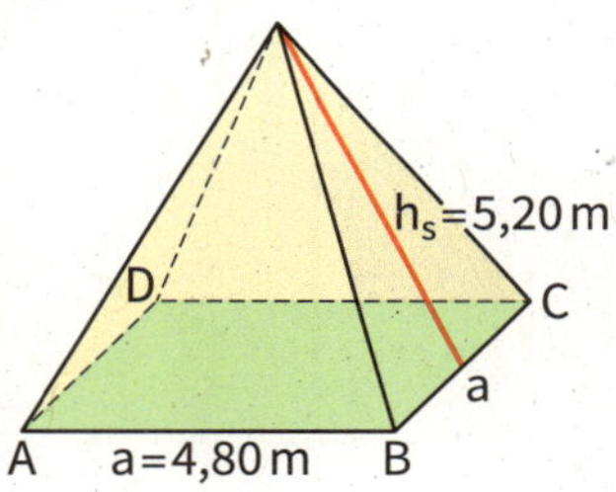

G = ______ M = ______ O = ______

3 a) Ergänze in dem Netz der Pyramide die fehlenden Größen.

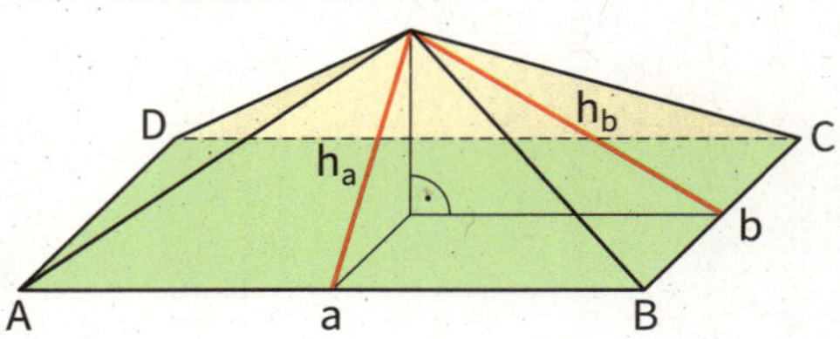

$a = 14{,}0\,cm$; $h_a = 5{,}8\,cm$
$b = 10{,}0\,cm$; $h_b = 7{,}6\,cm$

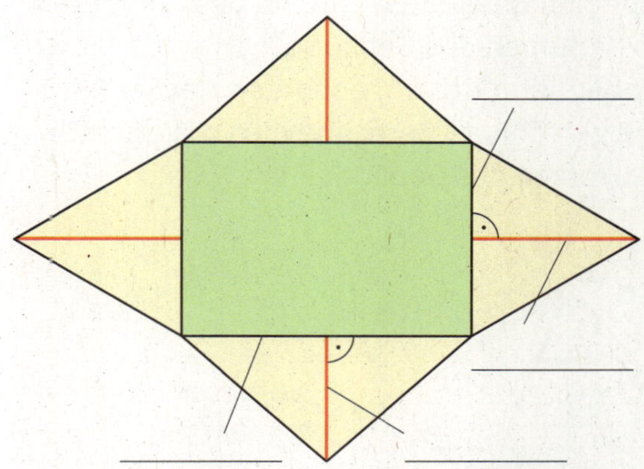

b) Aus welchen Flächen setzt sich die Oberfläche der Pyramide zusammen?

____

____

c) Berechne den Oberflächeninhalt.

G = ______

M = ______

O = ______

1 Ergänze im abgebildeten Netz der Pyramide zunächst die fehlenden Größen. Berechne anschließend das Volumen und den Oberflächeninhalt der Pyramide.

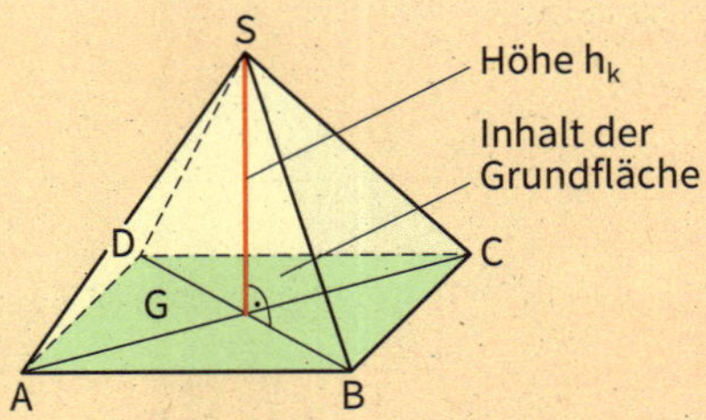

Volumen einer Pyramide

$V = \frac{1}{3} \cdot G \cdot h_k$

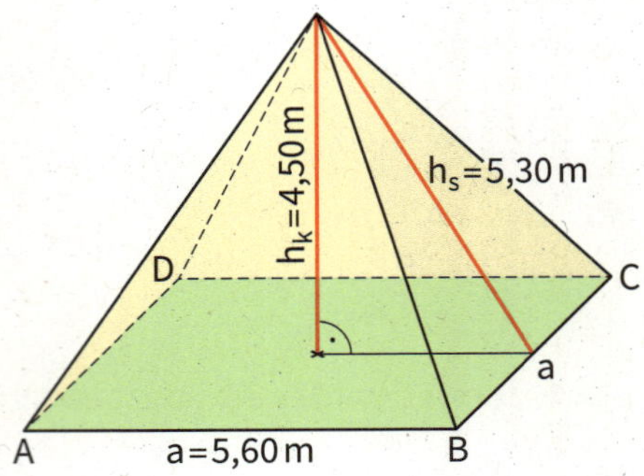

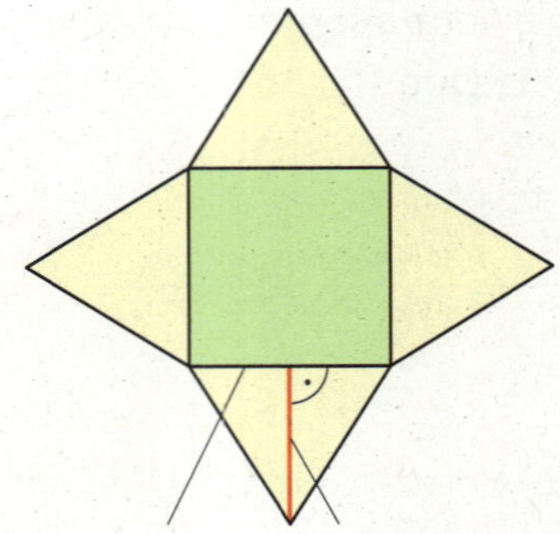

______ ______

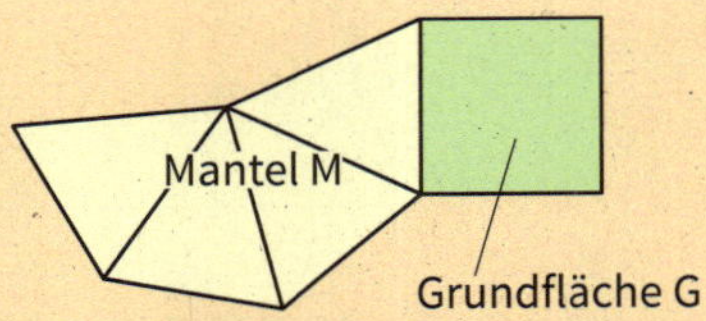

Oberflächeninhalt einer Pyramide

O = G + M

G = ______ V = ______

M = ______ O = ______

2 Berechne das Volumen und den Oberflächeninhalt der quadratischen Pyramide mit a = 7,8 cm, h_k = 5,2 cm und h_s = 6,5 cm.

G = ______ M = ______

V = ______ O = ______

3 a) Beim Neubau eines Hauses werden die voraussichtlichen Baukosten anhand des umbauten Raumes (Volumen des Gebäudes) ermittelt. Für einen Kubikmeter des abgebildeten Hauses wird mit 320 € gerechnet. Berechne die voraussichtlichen Baukosten des Gebäudes.

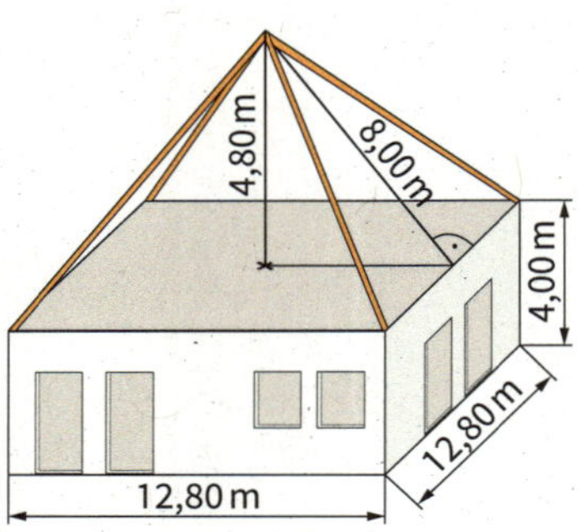

Voraussichtliche Baukosten:

______

b) Für einen Quadratmeter der Dachfläche werden 15 Ziegel benötigt.
Bestimme die Anzahl der Dachziegel, die für die gesamte Dachfläche mindestens benötigt werden.

Anzahl der Dachziegel: ______

C Volumen eines Kegels

1 Berechne das Volumen des Kegels mit den angegebenen Maßen. Vervollständige dazu die einzelnen Schritte. Runde deine Ergebnisse jeweils auf eine Stelle nach dem Komma.

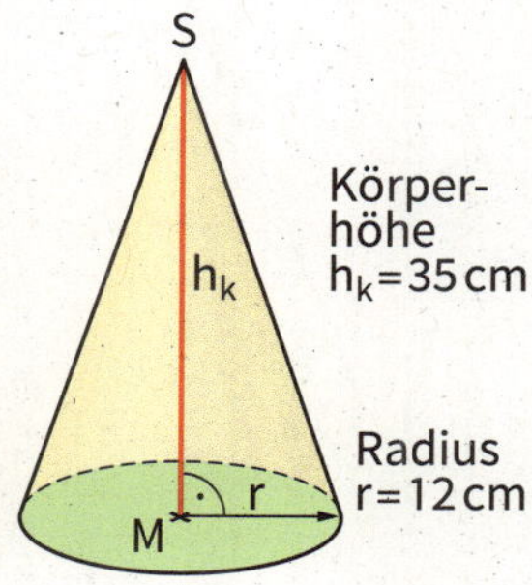

Das Volumen beträgt ungefähr ______________ cm^3.

1. Inhalt der Grundfläche

$G = \pi \cdot r^2$

G = ______________

G ≈ ______________

2. Volumen des Kegels

$V = \frac{1}{3} \cdot G \cdot h_k$

V = ______________

V ≈ ______________

2 Berechne das Volumen des abgebildeten Kegels. Bestimme zunächst den Inhalt der Grundfläche. Runde deine Ergebnisse jeweils auf zwei Stellen nach dem Komma.

a)

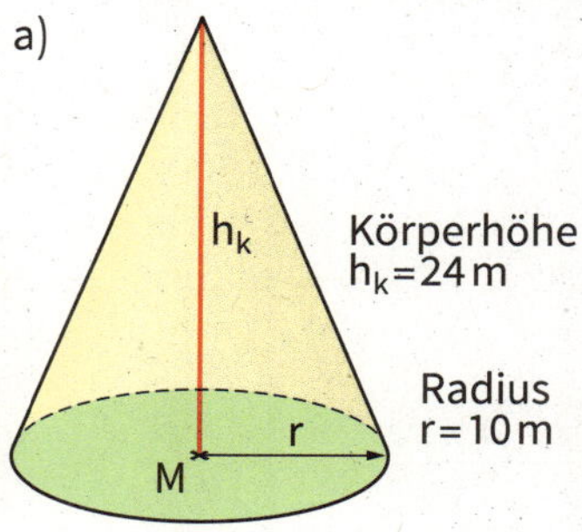

G ≈ ______________

V ≈ ______________

b)

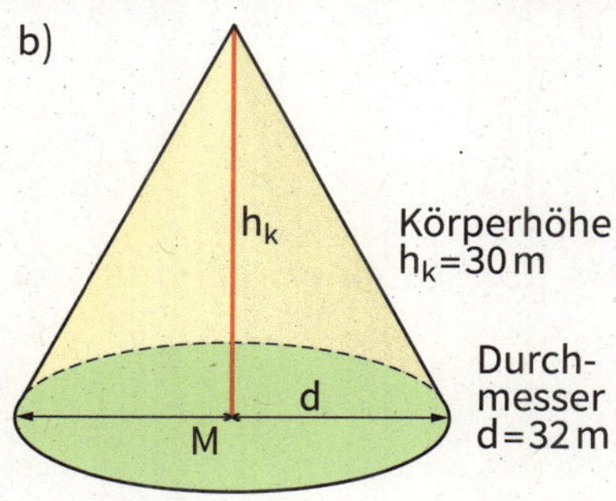

G ≈ ______________

V ≈ ______________

3 Der abgebildete Kegel besteht aus Aluminium. Bestimme zunächst das Volumen des Kegels. Berechne anschließend die Masse des Kegels. 1 cm^3 Aluminium hat eine Masse von 2,7 g.

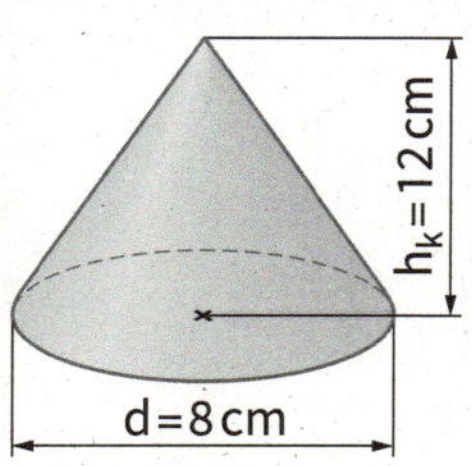

V ≈ ______________

m ≈ ______________

4 a) Das abgebildete kegelförmige Glas wird vollständig mit einem Getränk gefüllt. Berechne den Inhalt in Milliliter.

____

b) Wie viele Gläser lassen sich aus einer 0,7-Liter-Flasche füllen?

____

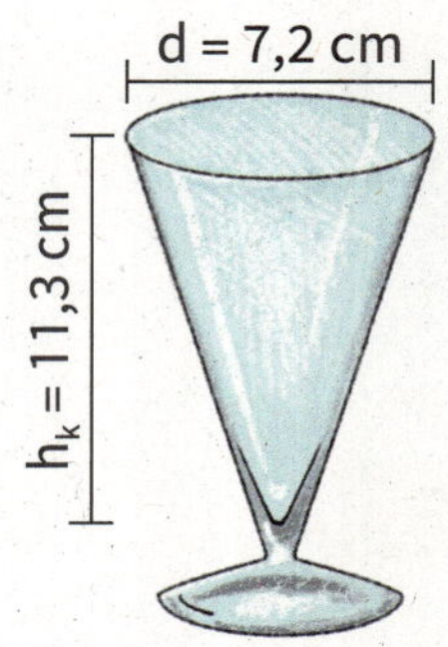

C Oberflächeninhalt eines Kegels

1 In der Zeichnung siehst du das Netz des abgebildeten Kegels.
Bestimme den Oberflächeninhalt des Kegels.
Vervollständige dazu die einzelnen Schritte.
Runde deine Ergebnisse jeweils auf eine Stelle nach dem Komma.

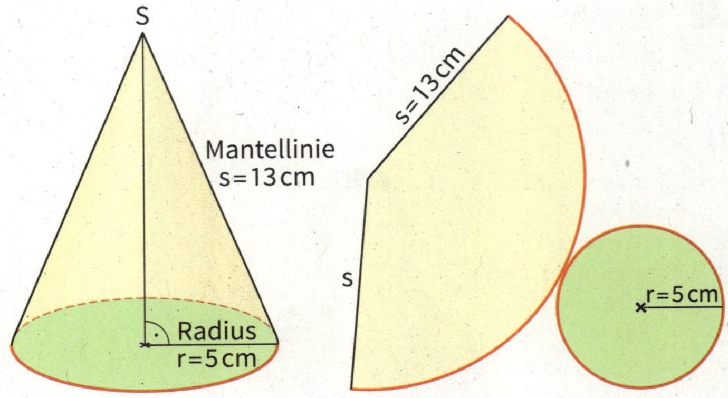

1 Inhalt der Grundfläche

$G = \pi \cdot r^2$

G = ____________

G ≈ ____________

2. Inhalt der Mantelfläche

$M = \pi \cdot r \cdot s$

M = ____________

M ≈ ____________

3. Oberflächeninhalt des Kegels

$O = G + M$

O = ____________

O ≈ ____________

Der Oberflächeninhalt des Kegels beträgt ungefähr ____________ cm^2.

2 Berechne den Oberflächeninhalt des Kegels. Runde deine Ergebnisse auf zwei Stellen nach dem Komma.

a)

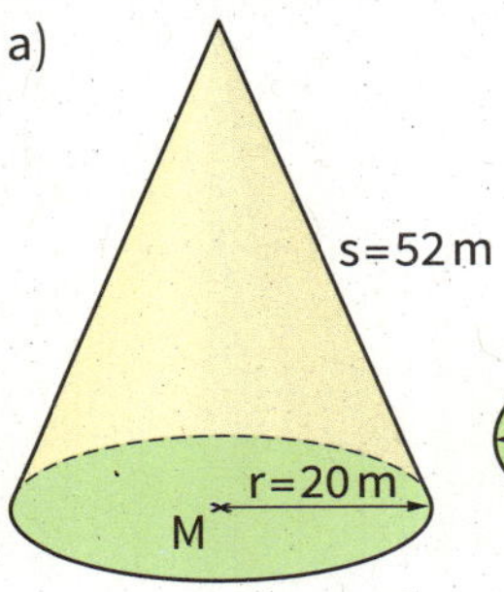

b)

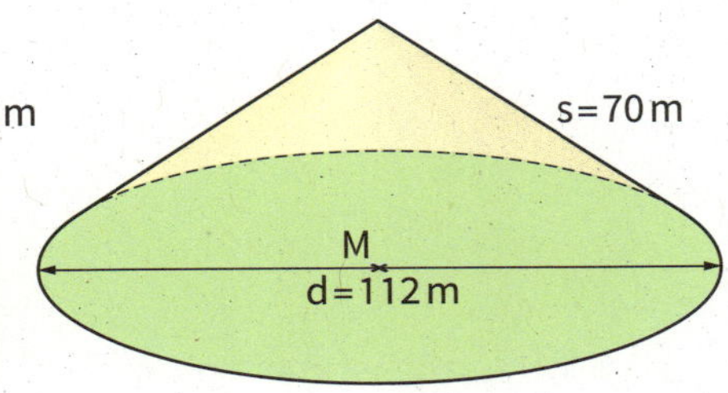

a)	b)
G ≈ ____________	G ≈ ____________
M ≈ ____________	M ≈ ____________
O ≈ ____________	O ≈ ____________

3 Der abgebildete Turm soll ein neues Dach aus Kupferblech erhalten.

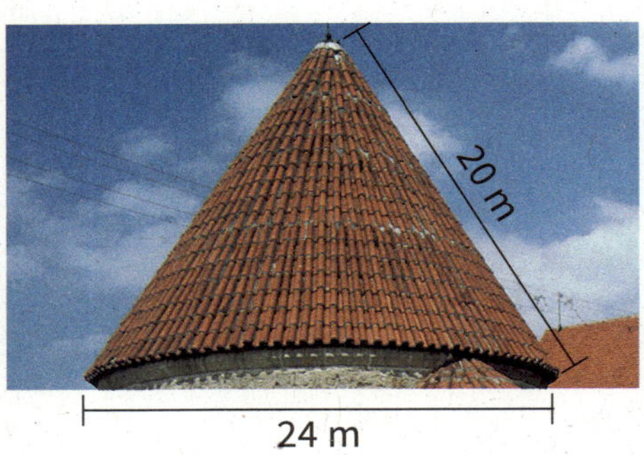

Für die Dacheindeckung aus Kupferblech wird mit 100 € pro Quadratmeter gerechnet. Berechne die Kosten.

Kosten: ____________________________

C Volumen und Oberflächeninhalt eines Kegels

Volumen eines Kegels

$V = \frac{1}{3} \cdot G \cdot h_k$

$V = \frac{1}{3} \cdot \pi \cdot r^2 \cdot h_k$

Flächeninhalt eines Kegelmantels

$M = \pi \cdot r \cdot s$

Oberflächeninhalt eines Kegels

$O = G + M$

$O = \pi \cdot r^2 + \pi \cdot r \cdot s$

1 Berechne das Volumen und den Oberflächeninhalt des Kegels.
Runde deine Ergebnisse jeweils auf eine Stelle nach dem Komma.

I

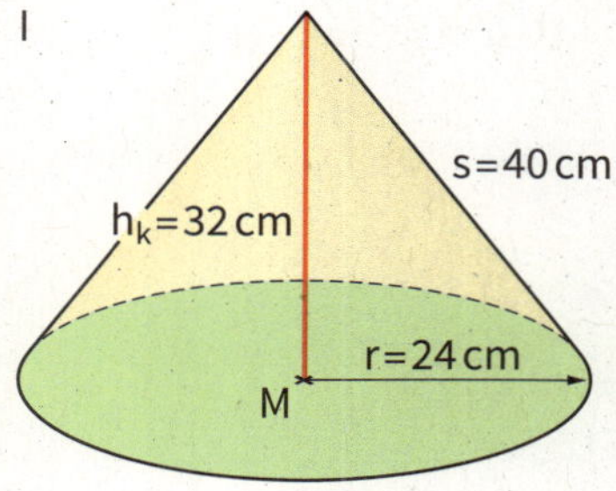

II

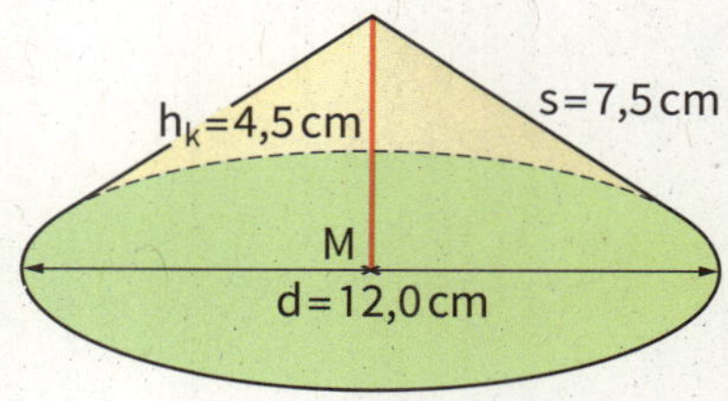

I: V ≈ ______________ O ≈ ______________

II: V ≈ ______________ O ≈ ______________

2 Ein Kipplastwagen kann 10 m³ Sand laden. Kann er mit einer Fuhre den Sandhaufen mit den angegebenen Maßen abtransportieren?

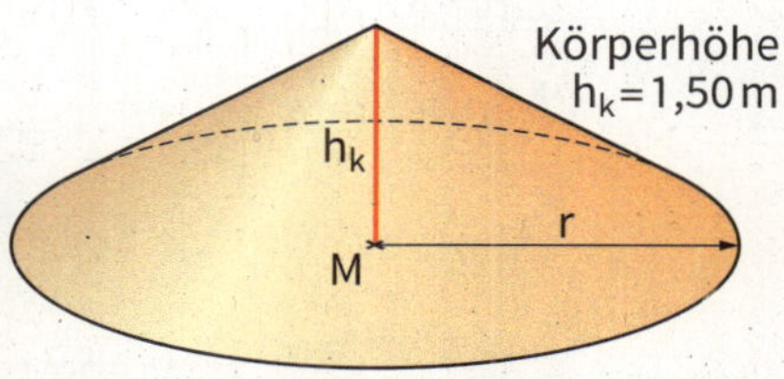

Radius der Grundfläche r=2,40 m

Antwort: ______________________________

3 Sara kauft im Internet kleine Kegel aus Pappe. Sie möchte jeden einzelnen Kegel vollständig mit buntem Papier bekleben. Wie viel Quadratzentimeter Papier benötigt sie mindestens für einen Kegel?

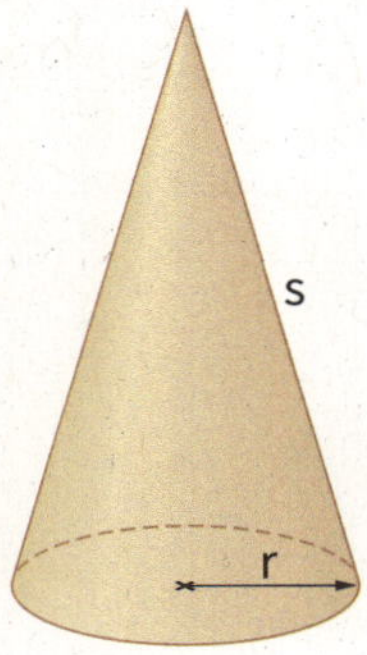

Mantellinie
s=12,5 cm

Radius der Grundfläche
r=3,5 cm

Antwort: ______________________________

D Zusammengesetzte Körper

1 a) Berechne das Volumen des abgebildeten Körpers. Vervollständige dazu die einzelnen Schritte. Runde deine Ergebnisse jeweils auf zwei Stellen nach dem Komma.

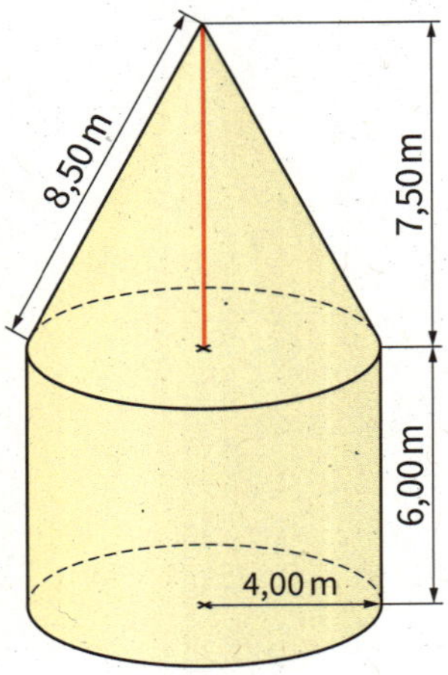

1. Geometrische Körper, aus denen sich die Figur zusammensetzt:

   Zylinder, Kegel

2. Volumen des Zylinders

   $V = \pi \cdot r^2 \cdot h_k$

   V = ____________

   V ≈ ____________

3. Volumen des Kegels

   $V = \frac{1}{3} \cdot r^2 \cdot h_k$

   V = ____________

   V ≈ ____________

4. Volumen des zusammen gesetzten Körpers

   V ≈ ______________________ m^3

b) Bestimme den Oberflächeninhalt des zusammengesetzten Körpers. Vervollständige dazu die einzelnen Schritte. Runde sinnvoll.

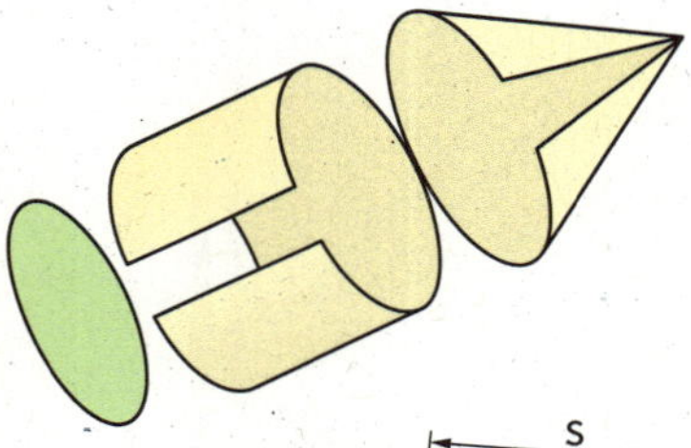

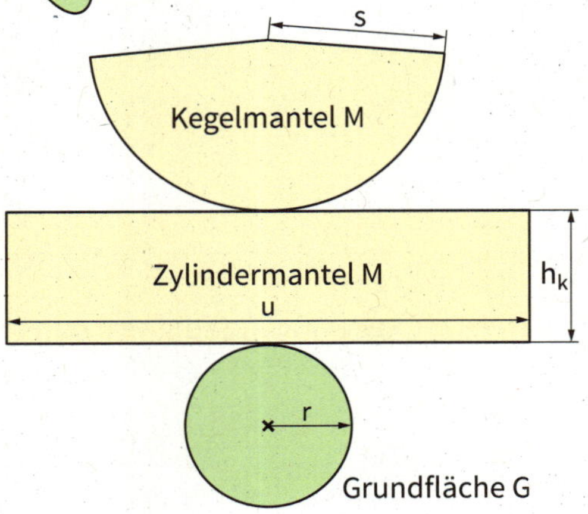

1. Begrenzungsflächen

   Grundfläche des Zylinders, Mantel des Zylinders,

   Mantel des Kegels

2. Inhalt der Grundfläche

   $G = \pi \cdot r^2 =$ ____________ ≈ ____________

3. Flächeninhalt des Zylindermantels

   $M = 2 \cdot \pi \cdot r \cdot h_k =$ ____________ ≈ ____________

4. Flächeninhalt des Kegelmantels

   $M = \pi \cdot r \cdot s =$ ____________ ≈ ____________

5. Oberflächeninhalt des zusammengesetzten Körpers

   O ≈ ______________________

2 Der abgebildete Körper soll mit einer Rostschutzfarbe gestrichen werden. Für einen Quadratmeter Fläche rechnet man mit 0,7 Liter Farbe. Wie viel Liter Farbe werden dafür benötigt?

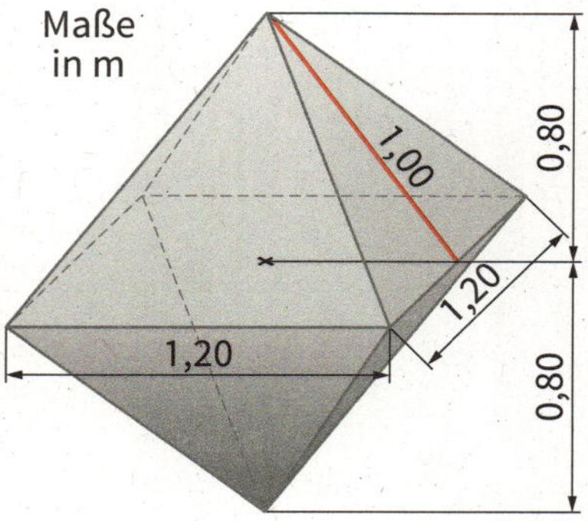

Antwort: ______________________________

3 Der abgebildete Körper besteht aus Stahl. Berechne die Masse des Körpers in Kilogramm. Ergänze die Tabelle.

I Maße in cm II

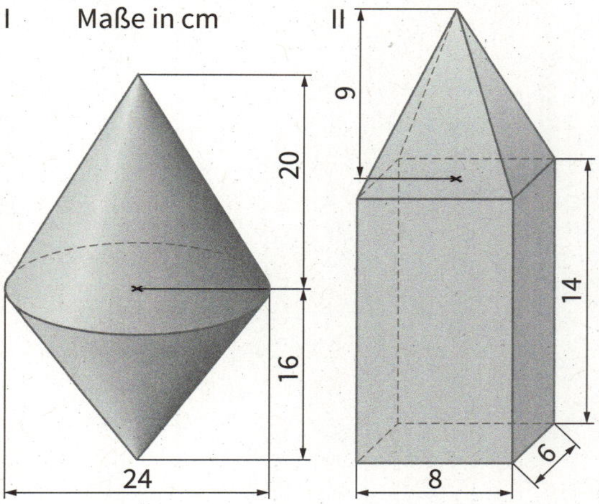

	Köper I	Köper II
Geometrische Körper, aus denen sich die Figur zusammensetzt	Kegel	
Volumen der einzelnen Körper		
Volumen des zusammengesetzten Körpers		
Masse des zusammengesetzten Körpers		

1 Das abgebildete Betonrohr hat die Form eines Hohlzylinders. Ein 4 m langes Betonrohr hat außen einen Umfang von 11,31 m. Die Wandstärke des Rohres beträgt 400 mm. Berechne die Masse des Rohres in Tonnen $\left(\rho = 2{,}2\ \frac{g}{cm^3}\right)$.

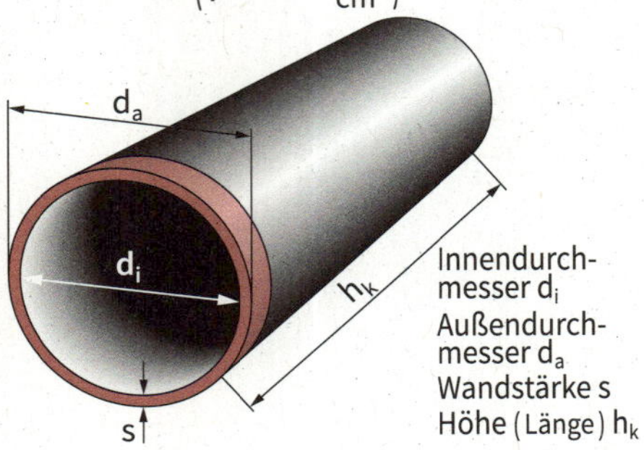

Volumen des äußeren Zylinders:

V ≈ ____________

Volumen des inneren Zylinders:

V ≈ ____________

Volumen des Hohlzylinders:

V ≈ ____________

Masse des Hohlzylinders:

m ≈ ____________

2 Berechne das Volumen und den Oberflächeninhalt der Pyramide. Bestimme dafür zunächst mithilfe des Satzes des Pythagoras die Größe der Seitenhöhe h_s.

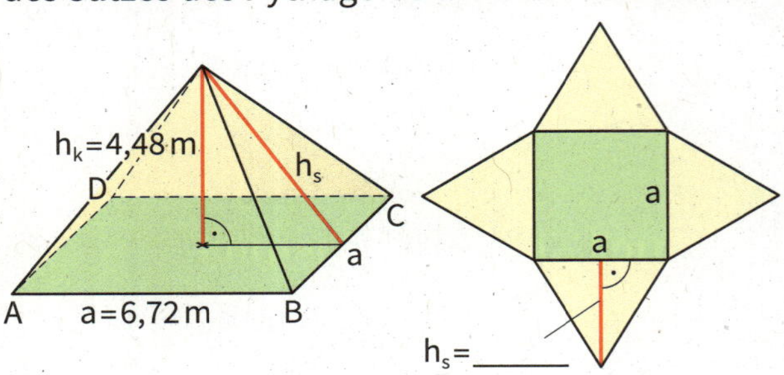

V = ____________

O = ____________

3 a) Das rechtwinklige Dreieck ABC ($\beta = 90°$) mit b = 127,40 m und c = 49,00 m rotiert wie abgebildet um die Seite a. Berechne das Volumen und den Oberflächeninhalt des Drehkörpers. Runde deine Ergebnisse auf zwei Stellen nach dem Komma.

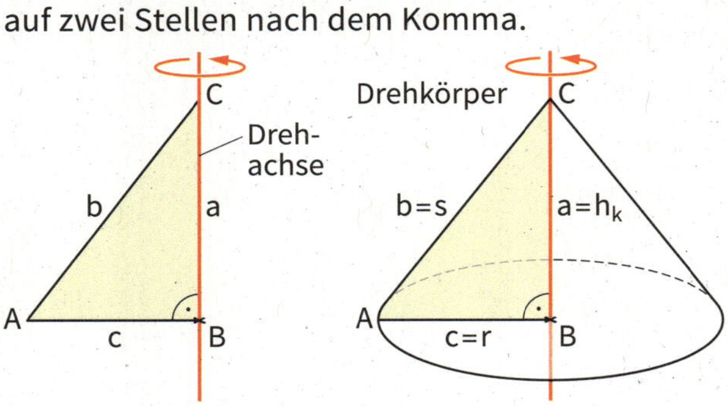

V ≈ ____________

O ≈ ____________

b) Das Dreieck ABC mit $\beta = 90°$, a = 7,8 cm und c = 10,4 cm rotiert um die Seite a. Berechne das Volumen und den Oberflächeninhalt des Drehkörpers.

O ≈ ____________

V ≈ ____________

4 a) Die abgebildete Fläche rotiert um die Gerade g. Welcher Rotationskörper entsteht?

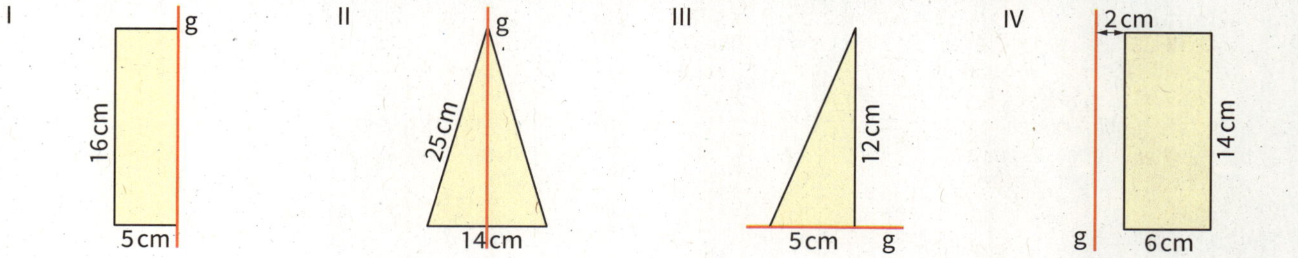

b) Berechne das Volumen und den Oberflächeninhalt des Drehkörpers. Runde deine Ergebnisse jeweils auf eine Stelle nach dem Komma. Ergänze die Tabelle.

Drehkörper	I	II	III	IV
Volumen				
Oberflächeninhalt				

5 a) In einem Zylinder ist die Höhe h_k doppelt so groß wie der Radius r. Der Oberflächeninhalt O beträgt 1444 cm². Bestimme r und h_k. Benutze dazu die Formel $O = 2 \cdot \pi \cdot r \cdot (r + h_k)$.

$r \approx$ ______________ $h_k \approx$ ______________

b) Die Höhe h_k ist in einem Zylinder halb so groß wie der Radius r. Der Oberflächeninhalt beträgt 3769,91 m². Berechne r und h_k.

$r \approx$ ______________ $h_k \approx$ ______________

6

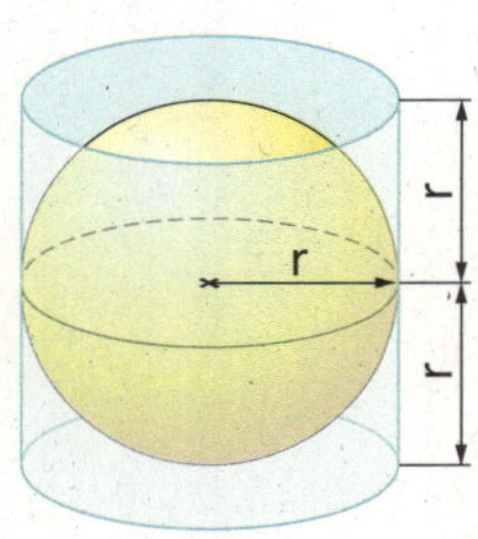

Leite aus dieser Aussage mithilfe der Abbildung die Formel für das Volumen der Kugel her.

Formel:

Zu Seite 5

1 a) 49; 16; 36 b) 4; 9; 25 c) 64; 121; 144
d) 225; 169; 196 e) 64; 8; 27 f) 125; 216; 1 000

2 a) 1; 100; 10 000; 1 000 000
b) 25; 2 500; 250 000; 25 000 000
c) 1; 1 000; 1 000 000; 1 000 000 000

3 a) 900; 1 600; 3 600 b) 4 900; 8 100; 6 400
c) 8 000; 27 000; 125 000

4 a) 9; 4; 7 b) 10; 11; 20 c) 14; 25; 30 d) 2; 4; 3
e) 10; 6; 5

Zu Seite 6

5 a) $\frac{1}{36}$; $\frac{1}{81}$; $\frac{1}{100}$ b) $\frac{25}{49}$; $\frac{9}{100}$; $\frac{4}{169}$ c) $\frac{1}{125}$; $\frac{1}{343}$; $\frac{27}{64}$

6 a) $0{,}2 \cdot 0{,}2 = 0{,}04$
$0{,}5 \cdot 0{,}5 = 0{,}25$
$0{,}7 \cdot 0{,}7 = 0{,}49$

b) $1{,}1 \cdot 1{,}1 = 1{,}21$
$1{,}2 \cdot 1{,}2 = 1{,}44$
$1{,}5 \cdot 1{,}5 = 2{,}25$

c) $0{,}2 \cdot 0{,}2 \cdot 0{,}2 = 0{,}008$
$0{,}5 \cdot 0{,}5 \cdot 0{,}5 = 0{,}125$
$0{,}6 \cdot 0{,}6 \cdot 0{,}6 = 0{,}216$

7 a) 16; 64 b) 121; 144 c) -8; -64

8 a) 5^9; 11^8; 2^{12} b) 6^{12}; 15^9; 7^{13} c) $2{,}1^7$; 31^8; 27^8
d) $5{,}2^8$; 162^7; 1^{14}

9 a) 10^2; 10^4; 10^5 b) 2^3; 2^6; 2^8 c) 5^2; 5^4; 5^5

Zu Seite 7

1 a) 5 cm b) 4 cm c) 3 cm
d) 2 cm e) 1,5 cm f) 2,5 cm

2

Seitenlänge	6 m	8 m	10 m	11 m
Flächeninhalt	36 m²	64 m²	100 m²	121 m²

Seitenlänge	6 m	10 m	7 m	2,5 m
Flächeninhalt	36 m²	100 m²	49 m²	6,25 m²

3

Zahl	1	2	3	4	5
Quadratzahl	1	4	9	16	25
Zahl	6	7	8	9	10
Quadratzahl	36	49	64	81	100

Zahl	11	12	13	14	15
Quadratzahl	121	144	169	196	225
Zahl	16	17	18	19	20
Quadratzahl	256	289	324	361	400

Zahl	21	22	23	24	25
Quadratzahl	441	484	529	576	625
Zahl	26	27	28	29	30
Quadratzahl	676	729	784	841	900

b) 6; 13; 19; 24; 27; 11; 18; 25; 16; 21

Zu Seite 8

4 a) 5; 8; 6 b) 10; 1; 0 c) 9; 14; 12 d) 30; 13; 15
e) 2; 20; 200 f) 3; 30; 300 g) 4; 40; 400 h) 7; 70; 700

5 $\sqrt{36} = 6$; $\sqrt{441} = 21$; $\sqrt{289} = 17$; $\sqrt{81} = 9$; $\sqrt{900} = 30$; $\sqrt{121} = 11$;
$\sqrt{12{,}25} = 3{,}5$; $\sqrt{64} = 8$; $\sqrt{49} = 7$; $\sqrt{196} = 14$; $\sqrt{2{,}25} = 1{,}5$;
$\sqrt{144} = 12$

6 a) 0,2; 0,1; 0,7 b) 0,9, 1,4; 1,1 c) 1,6; 1,8; 2,2
d) 0,03; 0,08; 0,06

7 a) >; <; <; > b) <; >; >; < c) >; >; >; <
d) <; >; >; < e) >; <; <; > f) <; >; >; >

Zu Seite 9

8 a) 3,87; 6,48; 8,60 b) 9,64; 7,55; 8,89
c) 10,39; 12,73; 11,36 d) 15,07; 18,14; 19,70
e) 22,93; 25,9; 27,87

9 a) 12 cm b) 9 cm c) 2,4 cm d) 6 cm
e) 18 cm

10 a) 7 – 8; 5 – 6; 8 – 9 b) 9 – 10; 10 – 11; 11 – 12

Zu Seite 10

1 a) $\sqrt{3 \cdot 27} = \sqrt{81} = 9$
$\sqrt{2 \cdot 8} = \sqrt{16} = 4$

b) $\sqrt{2 \cdot 32} = \sqrt{64} = 8$
$\sqrt{3 \cdot 12} = \sqrt{36} = 6$

c) $\sqrt{2 \cdot 128} = \sqrt{256} = 16$
$\sqrt{5 \cdot 180} = \sqrt{900} = 30$

d) $\sqrt{5 \cdot 80} = \sqrt{400} = 20$
$\sqrt{6 \cdot 150} = \sqrt{900} = 30$

2 a) $\sqrt{50 : 2} = \sqrt{25} = 5$
$\sqrt{48 : 3} = \sqrt{16} = 4$

b) $\sqrt{72 : 2} = \sqrt{36} = 6$
$\sqrt{27 : 3} = \sqrt{9} = 3$

c) $\sqrt{20 : 5} = \sqrt{4} = 2$
$\sqrt{63 : 7} = \sqrt{9} = 3$

d) $\sqrt{128 : 2} = \sqrt{64} = 8$
$\sqrt{486 : 6} = \sqrt{81} = 9$

3 a) $\frac{\sqrt{4}}{\sqrt{49}} = \frac{2}{7}$
$\frac{\sqrt{25}}{\sqrt{81}} = \frac{5}{9}$

b) $\frac{\sqrt{9}}{\sqrt{25}} = \frac{3}{5}$
$\frac{\sqrt{81}}{\sqrt{100}} = \frac{9}{10}$

c) $\frac{\sqrt{100}}{\sqrt{121}} = \frac{10}{11}$
$\frac{\sqrt{4}}{\sqrt{169}} = \frac{2}{13}$

d) $\frac{\sqrt{9}}{\sqrt{64}} = \frac{3}{8}$
$\frac{\sqrt{121}}{\sqrt{169}} = \frac{11}{13}$

e) $\frac{\sqrt{36}}{\sqrt{49}} = \frac{6}{7}$
$\frac{\sqrt{49}}{\sqrt{900}} = \frac{7}{30}$

f) $\frac{\sqrt{144}}{\sqrt{225}} = \frac{12}{15} = \frac{4}{5}$
$\frac{\sqrt{256}}{\sqrt{289}} = \frac{16}{17}$

Zu Seite 11

4 a) $\sqrt{5 \cdot 20} = \sqrt{100} = 10$
$\sqrt{2 \cdot 72} = \sqrt{144} = 12$
$\sqrt{3 \cdot 75} = \sqrt{225} = 15$

b) $\sqrt{98 : 2} = \sqrt{49} = 7$
$\sqrt{242 : 2} = \sqrt{121} = 11$
$\sqrt{28 : 7} = \sqrt{4} = 2$

c) $\sqrt{7 \cdot 28} = \sqrt{196} = 14$
$\sqrt{75 : 3} = \sqrt{25} = 5$
$\sqrt{2 \cdot 98} = \sqrt{196} = 14$

d) $\sqrt{147 : 3} = \sqrt{49} = 7$
$\sqrt{80 \cdot 5} = \sqrt{400} = 20$
$\sqrt{96 : 6} = \sqrt{16} = 4$

5 a) $\frac{3}{10}$; $\frac{8}{9}$ b) $\frac{6}{7}$; $\frac{9}{11}$; c) $\frac{12}{25}$; $\frac{14}{17}$
d) $\frac{11}{14}$; $\frac{13}{18}$ e) $\frac{15}{23}$; $\frac{24}{25}$

6 a) 10; 6; 5 b) 0,3; 0,1; 0,2 c) 0,4; 4; 0,6
d) 0,7; 0,4; 0,4 e) 60; 300; 100 f) 0,5; 1,2; 2

Lösungen

Zu Seite 12

1 a) $a = 4$ cm b) $a = 3$ cm c) $a = 1{,}842$ cm
d) $a = 3{,}5$ cm e) $a = 1$ cm f) $a = 1{,}112$ cm

2 a)

Zahl	1	2	3	4	5
Kubikzahl	1	8	27	64	125
Zahl	6	7	8	9	10
Kubikzahl	216	343	512	729	1 000

b) 5; 7; 6; 7; 10; 9

3 a) 2; 20; 200 b) 10; 100; 1 000 c) 4; 40; 400

Zu Seite 13

4 a) 0,2
0,3
b) 0,6
0,8
c) 0,04
0,02

5 a) $\frac{1}{3}; \frac{1}{4}$ b) $\frac{2}{3}; \frac{5}{6}$ c) $\frac{7}{10}; \frac{5}{8}$

6 a) <; >; < b) >; <; > c) >; >; <

7 a) 4,12; 3,48; 4,45 b) 4,31; 4,56; 3,8 c) 5,89; 6,6; 6,72
d) 9,24; 8,68; 9,33

8 a) 3 – 4; 4 – 5; 4 – 5 b) 5 – 6; 7 – 8; 8 – 9
c) 5 – 6; 6 – 7; 7 – 8 d) 9 – 10; 9 – 10; 8 – 9

Zu Seite 14

1 A $a = 4$ cm B $a = 2{,}5$ cm C $a = 3$ cm
D $a = 4{,}5$ cm E $a = 3{,}5$ cm

2 a) 8 cm b) 18 cm c) 6 cm d) 40 cm

Zu Seite 15

3 a) $V = 9\text{ cm} \cdot 4\text{ cm} \cdot 4\text{ cm} + 4\text{ cm} \cdot 4\text{ cm} \cdot (8{,}5 - 4)\text{ cm}$
$= 216\text{ cm}^3 = (6\text{ cm})^3$ Also: $a = 6$ cm
b) $V = 18\text{ cm} \cdot 6\text{ cm} \cdot 6\text{ cm} + 3\text{ cm} \cdot 4{,}5\text{ cm} \cdot 6\text{ cm} = 729\text{ cm}^3$
$= (9\text{ cm})^3$ Also: $a = 9$ cm
c) $V = 10\text{ cm} \cdot 24\text{ cm} \cdot 5\text{ cm} - 5\text{ cm} \cdot 5\text{ cm}\ (24 - 2 \cdot 8)\text{ cm}$
$= 1000\text{ cm}^3 = (10\text{ cm})^3$ Also: $a = 10$ cm
d) $V = 4 \cdot 10\text{ cm} \cdot 8\text{ cm} \cdot 4{,}5\text{ cm} + 8\text{ cm} \cdot 8\text{ cm} \cdot 4{,}5\text{ cm}$
$= 1728\text{ cm}^3 = (12\text{ cm})^3$ Also: $a = 12$ cm

4 a) $a = 10$ cm $b = 5$ cm b) $a = 6$ cm $b = 12$ cm
c) $a = 4$ cm $b = 20$ cm d) $a = 5$ cm $b = 40$ cm
e) $a = 5$ cm $b = 10$ cm

Zu Seite 19

1 a)

Dreieck	Flächeninhalt der Kathetenquadrate	Flächeninhalt des Hypotenusenquadrats
A	$5\text{ cm} \cdot 5\text{ cm} = 25\text{ cm}^2$ $12\text{ cm} \cdot 12\text{cm} = 144\text{ cm}^2$	$13\text{ cm} \cdot 13\text{ cm} = 169\text{ cm}^2$
B	576 cm^2; 4900 cm^2	$74\text{ cm} \cdot 74\text{ cm} = 5476\text{ cm}^2$
C	$28\text{ cm} \cdot 28\text{ cm} = 784\text{ cm}^2$ $45\text{ cm} \cdot 45\text{ cm} = 2025\text{ cm}^2$	$53\text{ cm} \cdot 53\text{ cm} = 2809\text{ cm}^2$

b)

Dreieck	Gleichung
A	$25\text{ cm}^2 + 144\text{ cm}^2 = 169\text{ cm}^2$
B	$24^2\text{ cm}^2 + 70^2\text{ cm}^2 = 74^2\text{ cm}^2$
C	$784\text{ cm}^2 + 2025\text{ cm}^2 = 2809\text{ cm}^2$

2 a) $r^2 + q^2 = p^2$ b) $k^2 + l^2 = h^2$ c) $o^2 + n^2 = m^2$

Zu Seite 20

3

Dreieck	Satz des Pythagoras als Gleichung	Längen der Katheten (cm)	Länge der Hypotenuse (cm)	Satz des Pythagoras als Gleichung
I	$t^2 + r^2 = s^2$	3; 4	5	$3^2 + 4^2 = 5^2$
II	$k^2 + l^2 = m^2$	7,5; 4	8,5	$7{,}5^2 + 4^2 = 8{,}5^2$
III	$x^2 + z^2 = y^2$	6; 8	16	$6^2 + 8^2 = 10^2$

4 a) rechter Winkel b) kein rechter Winkel
c) rechter Winkel

Zu Seite 21

1 a) Rechter Winkel bei C
Gleichung:
$c^2 = (12\text{ cm})^2 + (35\text{ cm})^2$
$c = 37$ cm

b) Rechter Winkel bei A
Gleichung:
$a^2 = (27\text{ cm})^2 + (36\text{ cm})^2$
$a = 45$ cm

c) Rechter Winkel bei B
Gleichung:
$b^2 = (54{,}0\text{ cm})^2 + (40{,}5\text{ cm})^2$
$b = 67{,}5$

2 a) $c^2 = a^2 + b^2$; $c = 15$ cm
b) $b^2 = a^2 + c^2$; $a = 4{,}8$ cm
c) $c^2 = a^2 + b^2$; $a = 5{,}6$ cm

Zu Seite 22

3 a) $a^2 = b^2 + c^2$; $b = 24$ cm b) $c^2 = a^2 + b^2$; $a = 50$ cm
c) $b^2 = a^2 + c^2$; $b = 97{,}24$ cm

4 a) $b = 37{,}5$ cm b) $a = 320$ m

Zu Seite 23

1 a) $e^2 = b^2 + a^2$; $a = 28$ m
b) $e^2 = a^2 + b^2$; $b = 28$ cm; $A = 2\,688\text{ cm}^2$

2 a) $c = 64$ cm
b) $h_c^2 = a^2 + \left(\frac{b}{2}\right)^2$; $h_c = 19$ cm $A = 323{,}11\text{ cm}^2$

3 $e^2 = a^4$; $e = 34{,}65$ m

Zu Seite 24

4 a) $u = 214\ m$
$A = 64\ m \cdot 35\ m + 0{,}5 \cdot 35\ m \cdot 12\ m = 2\,450\ m^2$
b) $A = 3\,690\ cm^2$; $u = 262\ cm$

5 $A = 4\,234{,}74\ m^2$; $u = 393{,}6\ m$

6 $A = 188{,}16\ cm$; $u = 56\ cm$

Zu Seite 25

1 a) Das Seil ist 14 m entfernt verankert.
b) In der Höhe von 57,6 m ist das Seil befestigt.

2 Die Leiter ist 5 m lang.

Zu Seite 26

3 Die Leiter muss 20 m ausgefahren werden.

4 Dachlänge: 12,0 m
Dachbreite: $\sqrt{(6{,}5\ m - 2{,}5\ m)^2 + (7{,}5\ m)^2} = 8{,}5\ m$
Damit ergibt sich für die Dachfläche: $A = 102\ m^2$

5 Das Seil muss mindestens 3400 m lang sein.

Zu Seite 27

1 Höhe im Dreieck: $h = \sqrt{(7{,}0\ m)^2 - (5{,}6\ m)^2} = 4{,}2\ m$
$A = 4{,}6\ m \cdot 11{,}2\ m - 7{,}5\ m^2 + 0{,}5 \cdot 11{,}2\ m \cdot 4{,}2\ m = 67{,}54\ m^2$

2 Die Holzplatte hat einen Inhalt von $1682\ cm^2$.

3 Die Dachfläche beträgt $59{,}36\ m^2$.

4 Höhe des Oktaeders: 16 cm.

Zu Seite 31

1

Baumberg	Mila Pia Sara Elias
Holzheim	Anna Noah Felix
Neurath	Jonas Ben Leon
Obertal	Hanna Clara

2

Anna	Omnibus
Ben	Fahrrad
Clara	Fuß
Elias	Omnibus
Felix	Fahrrad
Hanna	Fuß
Jonas	Omnibus
Leon	Fahrrad
Mila	Fahrrad
Noah	Fahrrad
Pia	Fuß
Sara	Omnibus

3

Note	1	2	3	4
absolute Häufigkeit	1	4	4	3

Zu Seite 32

4

Anzahl	1	2	3	4
Preis (€)	0,8	1,6	2,4	3,2

Anzahl	5	6	7	8
Preis (€)	4	4,8	5,6	6,4

5 a)

Anzahl	1	2	3	4
Preis (€)	0,3	0,6	0,9	1,2

Anzahl	5	6	7	8
Preis (€)	1,5	1,8	2,1	2,4

b)

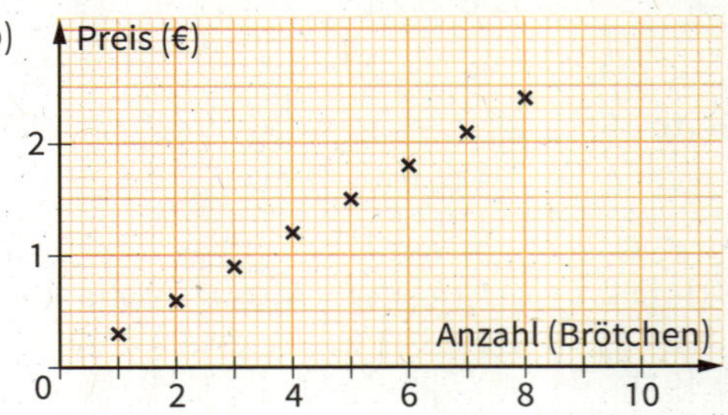

6

Masse (g)	50	100	150	200
Preis (€)	0,5	1	1,5	2

Masse (g)	250	300	350	400
Preis (€)	2,5	3	3,5	4

7 a)

Masse (kg)	0	1	2	3
Preis (€)	0	50	100	150

Masse (kg)	4	5	6	7
Preis (€)	200	250	300	350

b)

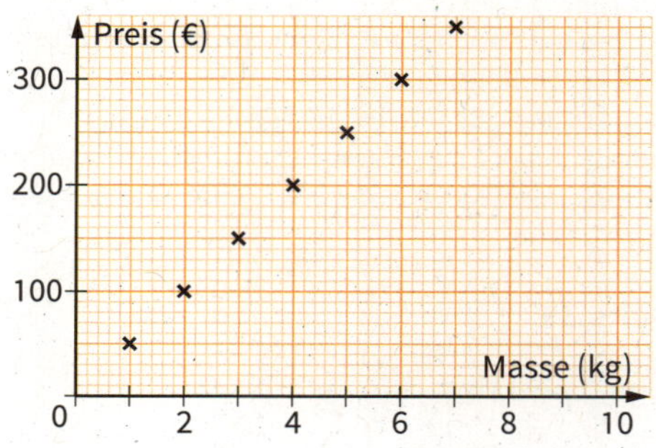

Zu Seite 33

1 a)

Anzahl der Rollen	Preis (€)
1	8
2	16
3	24
4	32

b)

Volumen (l)	Flächeninhalt (m²)
12	60
6	30
4	20
3	15

2 a)

Masse (g)	Preis (€)
100	2,5
200	5
300	7,5
400	10
500	12,5

b)

Zeit (h)	Gehalt €
180	2 400
90	1 200
60	800
45	600
36	480

c)

Anzahl	Masse (kg)
20	36
40	72
80	144
10	18
5	9

d)

Länge (km)	Volumen (l)
100	6,2
200	12,4
50	3,1
150	9,3
450	27,9

e)

Anzahl	Preis (€)
10	60
40	240
60	360
15	90
30	180

f)

Höhe (cm)	Volumen (l)
30	150
3	15
12	60
48	240
24	120

3 a)

Anzahl	Preis (€)
1	20
2	40
8	120

b)

Anzahl	Masse (kg)
10	40
5	20
30	100

c)

Masse (kg)	Preis (€)
18	45
6	120
3	7,5

Zu Seite 34

4 Familie Stein zahlt 330 € Arbeitslohn.

5 Frau Roth bezahlt 14,70 €.

6 Der Wanderer braucht 132 Minuten.

7 Es dauert 7,5 Sekunden.

8 Herr Klein bezahlt 70,20 €.

9 Paula bezahlt 144 €.

10 Das Blech wiegt 140 kg.

Zu Seite 35

1 a)

Anzahl der Gesellen	Zeit (h)
1	36
2	18
3	12
4	9

b)

Kantenlänge (cm)	Anzahl der Fliesen
60	10
30	20
20	30
15	40

2 a)

Anzahl	Zeit (h)
1	60
2	30
3	7,5
4	15
6	10

b)

Anzahl	Länge (cm)
48	2
24	4
16	6
12	8
8	12

c)

Anzahl	Masse (g)
20	100
40	50
50	40
5	400
10	200

d)

Länge (cm)	Breite (cm)
40	24
20	48
10	96
120	8
160	6

e)

Länge (km)	Zeit (d)
45	6
15	18
30	9
60	4,5
90	3

f)

Zeit (h)	Geschwindigkeit (km/h)
3	120
12	30
4	90
8	45
9	40

3 a)

Anzahl	Zeit (h)
1	90
2	45
4	15

b)

Strecke(km)	Zeit (min)
10	40
5	20
30	100

c)

Länge (cm)	Breite (cm)
18	8
6	20
3	48

Zu Seite 36

4 Es dauert 8 Tage.

5 Jede Person hätte 3 500 € erhalten.

6 Das Rechteck ist 6 cm breit.

7 Es können 30 Brote hergestellt werden.

8 Man erhält 325 Stücke.

9 Er muss monatlich 54 € zurücklegen.

10 Die Grundfläche beträgt 40 cm².

Zu Seite 37

1 a) 1. Lohn 2. mehr 3. doppelte 4. proportional

b)

Zeit (h)	Lohn (€)
8	78,8
1	9,85
12	118,2

2 a) 1. Geschwindigkeit → Zeit
2. Je mehr Geschwindigkeit, desto weniger Zeit.
3. Der doppelten Geschwindigkeit entspricht die halbe Zeit.
4. Die Zuordnung ist antiproportional.

b)

Geschwindigkeit $\left(\frac{km}{h}\right)$	Zeit (min)
10	18
1	180
12	15

Zu Seite 38

3 a) Volumen b) proportional

c)

Masse (kg)	Volumen (dm³)
3	6
1	2
4,5	9

4 a) Anzahl der Fahrten b) antiproportional

c)

Masse (t)	Anzahl der Fahrten
12	9
1	108
18	6

5 a) antiproportional: Die Kosten würden sich auf 14,40 € pro Person belaufen.
b) proportional: Es werden 75 l Farbe benötigt.
c) proportional: Es ständen 192 Stühle in der Aula.
d) antiproportional: Es wären 6 Reihen entstanden.

Zu Seite 39

1 Sie benötigen 24 Arbeitstage.

2 Sie benötigen 2,5 Stunden.

3 Sie verdienen 495 €.

4 Es müssen 28 Arbeiter eingesetzt werden.

5 Zehn Ponys fressen so viel.

6 Der Chor benötigt 3,25 Minuten.

Zu Seite 43

1

Lebensalter (Mon.)	Körpergröße (cm)
0	52
2	60
6	66
8	71
12	77

2

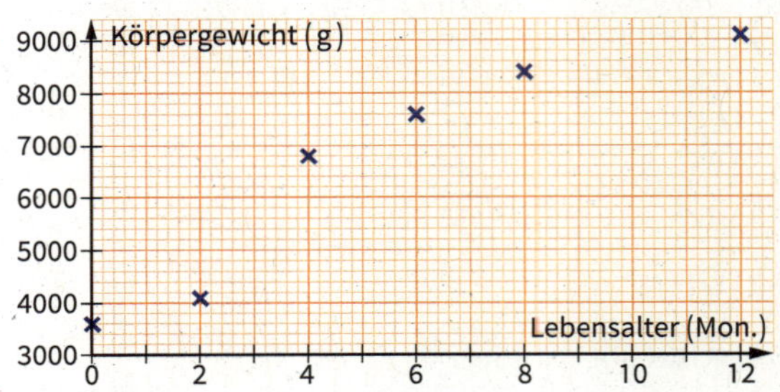

3 a)

Uhrzeit	0	2	4	6	8	10	12
Temperatur (°C)	−8	−10	−9	−6	−5	0	5

Uhrzeit	14	16	18	20	22	24
Temperatur (°C)	7	6	2	−2	−4	−6

b) Um 8.00 und 23.00 Uhr betrug die Temperatur −5 °C.
Die Temperatur betrug zu keinem Zeitpunkt 9 °C.

Zu Seite 44

4

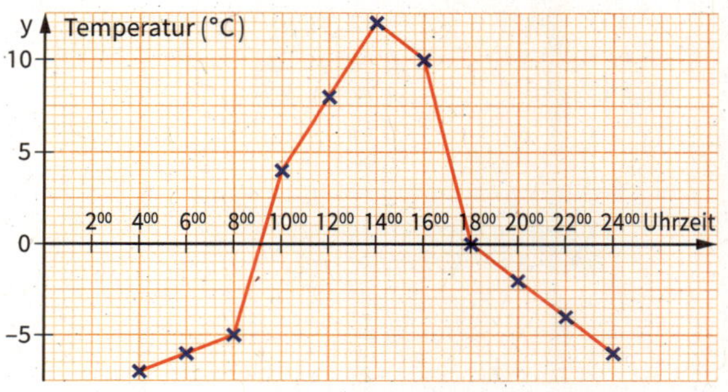

5 a)

Seitenlänge a (cm)	2	3	4	6	9	12
Seitenlänge b (cm)	18	12	9	6	4	3

b)

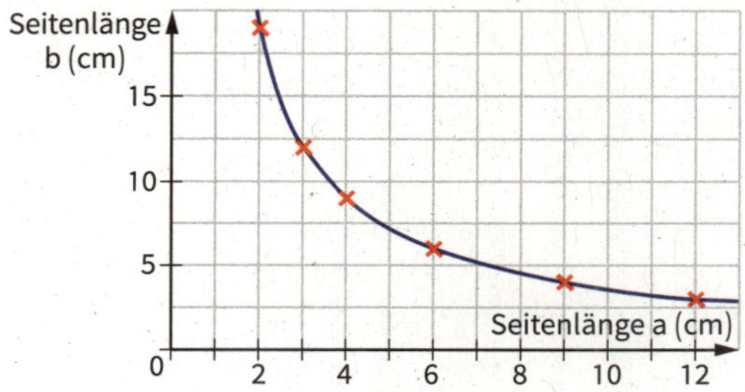

6 a) 10,7 km und 1361 Höhenmeter
b) 11 km und 1987 m Höhenunterschied

Zu Seite 45

1 a)

Anzahl Geodreiecke	Preis (€)
1	1,50
2	3,00
3	4,50
4	6,00
5	7,50
6	9,00
7	10,50
8	12,00

b) Anzahl der Geodreiecke: 13 $x = 13$
Preis y: $y = 1{,}50 \cdot x$
$y = 1{,}50 \cdot 13$
$y = 19{,}50$
Zahlenpaar (13 | 19,5) Punkt Q(13 | 19,5)
(28,50 €, 34,50 €, 40,50 €)

c) Die Punkte liegen auf einer Geraden.

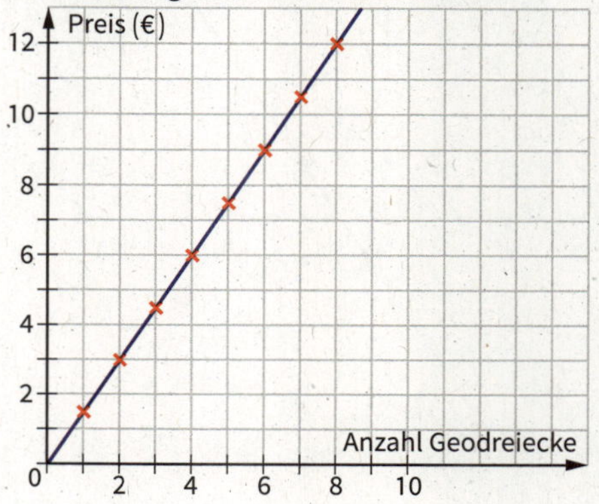

2 a)

Masse (t)	Preis (€)
0	0
2	10
4,5	22,5
5	25
8,5	42,5
11,5	57,5
11,8	59
12,6	63

b) Funktionsgleichung: $y = 5 \cdot x$
c)

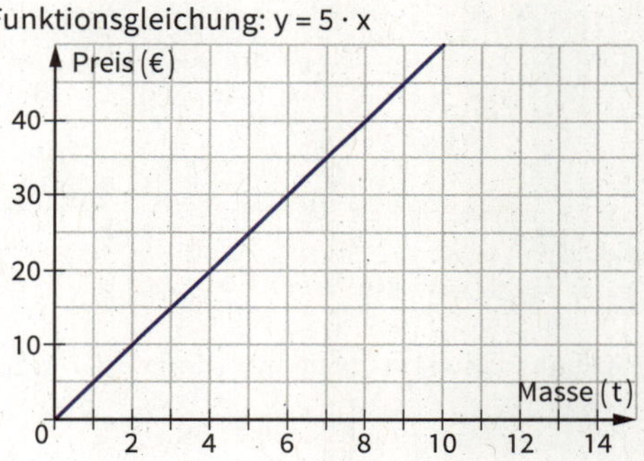

Zu Seite 46

3 15; 18; 21,8; – 24; 21; – 3,6

4 a) 5, 4, 3, 2, 1, 0, –1, – 2, – 3, – 5
b)

x	– 3	– 2,5	– 2	– 1,5	– 1	– 0,5
y = f(x)	6	5	4	3	2	1

x	0	0,5	1	1,5	2	2,5
y = f(x)	0	– 1	– 2	– 3	– 4	– 5

5 a)

x	– 3	– 2	– 1	0	1	2	3
y	– 4,5	– 3	– 1,5	0	1,5	3	4,5

b)

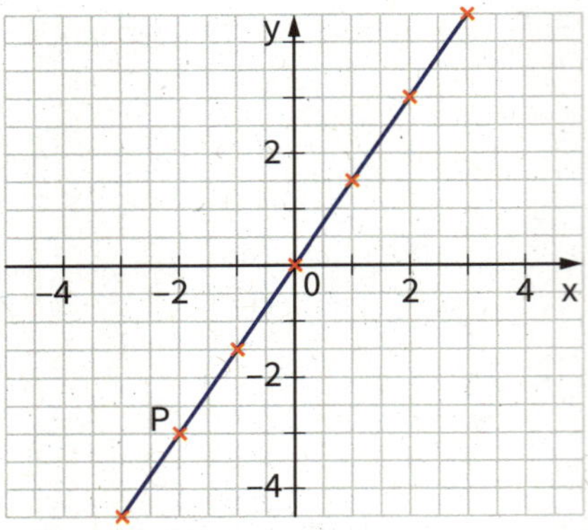

Zu Seite 47

6 b) R (1 | 2,5) S (3 | −1,5)   c) A liegt auf dem Graphen f

7 a) P (3 | 1,5)   b) P (3 | 30)   c) P (3 | −4,5)   d) P (3 | −2,4)

Zu Seite 48

1 a) −4,5; −1; 0; 1; 2; 3; 4; 5; 6; 8

b)

x	−4	−2,5	−2	−1,5	−1	−0 5
y= f(x)	−5	−2	−1	0	1	2

x	0	0,5	1	1,5	2,5	4
y= f(x)	3	2	5	6	8	1

2 a)

x	−3	−2	−1	0	1	3
f: y = 0,5 x	−1,5	−1	−0,5	0	0,5	1 5
g: y = 0,5 x + 3	1,5	2	2,5	3	3,5	4 5

b) Die Funktionswerte von g sind immer um 3 größer.

c)

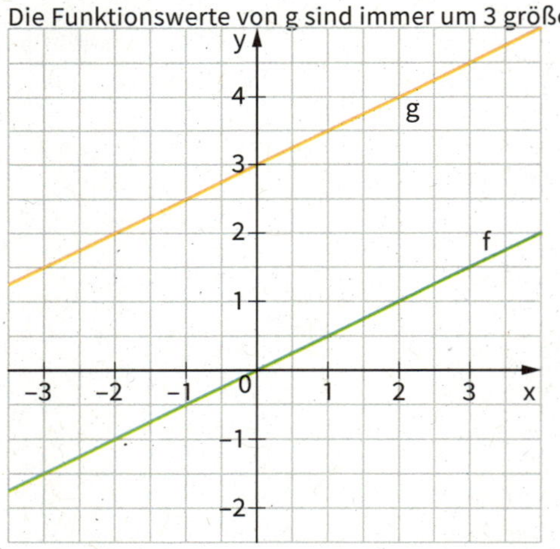

d) Sie verlaufen parallel.

Zu Seite 49

3 a) P (3 | 3,5)   Q (−3 | 0,5)

b) P (1 | −3,5)   Q (−3 | 2,5)

c) P (2 | 2,5)   Q (−1 | −3,5)

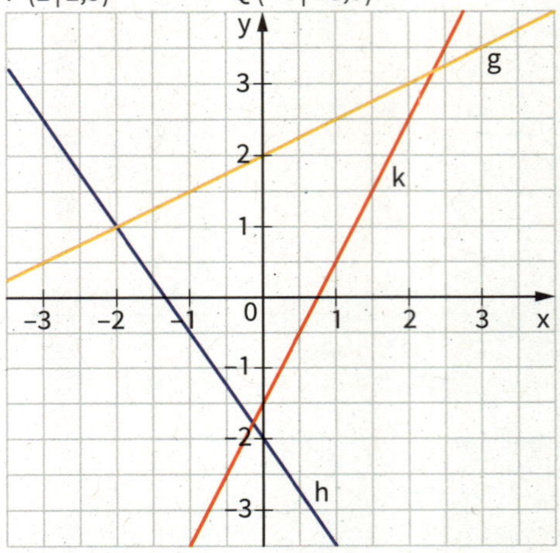

4 a) y-Achsenabschnitt: −1; Steigung: 2

b) y-Achsenabschnitt: 3; Steigung: 1,5

c) y-Achsenabschnitt: −2; Steigung: 0,5

Zu Seite 50

5 a) S (0 | 4)   b) S (0 | −3)   c) S (0 | −1)   d) S (0 | 1,5)

6 f_2: y-Achsenabschnitt: 4; Steigung: 0,5;
Funktionsgleichung: f(x) = 0,5x + 4
f_3: y-Achsenabschnitt: 3; Steigung: −2;
Funktionsgleichung: f(x) = −2x + 3
f_4: y-Achsenabschnitt: 3,5; Steigung: 0;
Funktionsgleichung: f(x) = 3,5
f_5: y-Achsenabschnitt: 1; Steigung: 2,5;
Funktionsgleichung: f(x) = 2,5x + 1
f_6: y-Achsenabschnitt: 0; Steigung: 1;
Funktionsgleichung: f(x) = x
f_7: y-Achsenabschnitt: −3; Steigung: 1,8
Funktionsgleichung: f(x) = 1,8x − 3

Zu Seite 51

1 a) Der Graph zu den Trauben ist steiler als zu den Birnen.

b) Steigung des Graphen (Trauben): 1,75
Steigung (Birnen): 0,9

c) Mirabellen: y = 1,5x   Äpfel: y = 1,9x

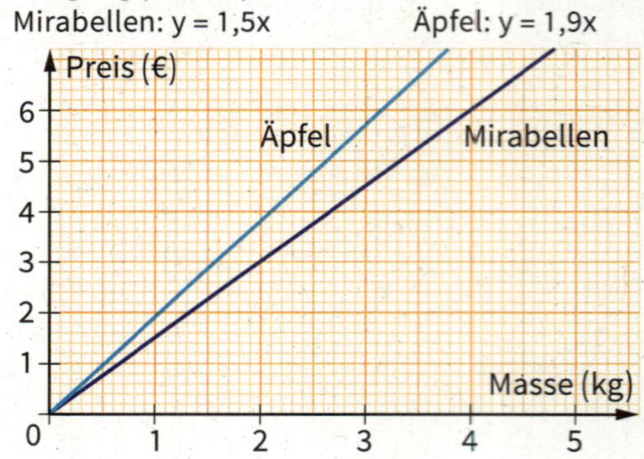

2 a) Fichtenholz: y = 0,5x; Sandstein: y = 2,4x; Granit; y = 2,8x

b)

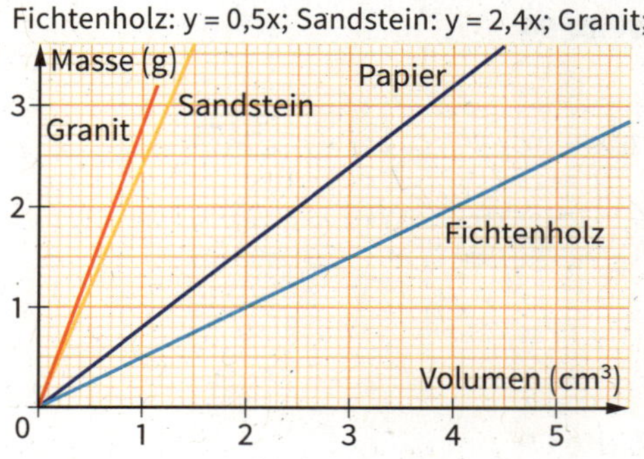

3 Herr Schewe: y = 60x
Frau Fritsch: y = 30x
Frau Hechler y = 90x

Zu Seite 52

4 a)

Energie (kWh)	0	1 000	2 000	3 000
Preis (€)	150	400	650	900

b) n = 150. Er gibt die Grundgebühr an.
c) m = 0,25
d) y = 0,25x + 150

5 a) y= – 2x + 15

b)

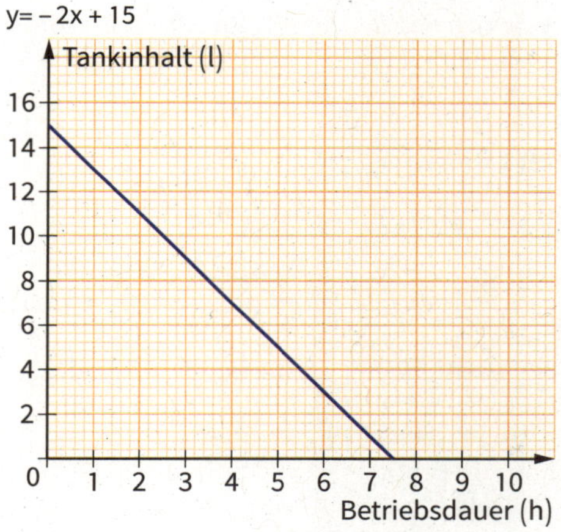

6 Der Vorgang muss 8 Minuten dauern.

Zu Seite 53

1 a)

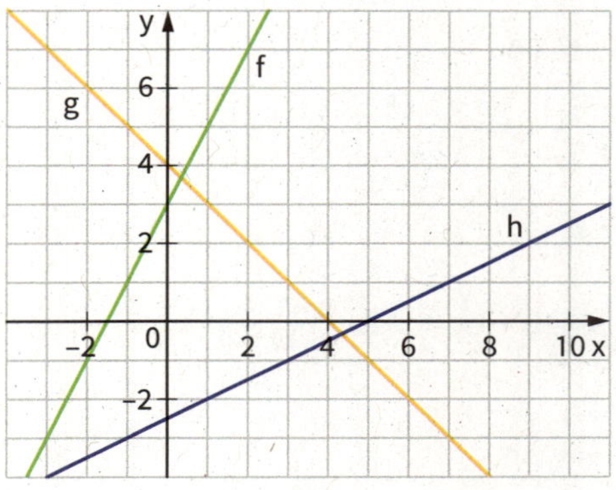

b) f: P (– 1,5 | 0) g: Q (4 | 0)
h: R (5 | 0)
Beispielrechnung:
0 = 2x + 3
– 3 = 2x
– 1,5 = x

2 a)

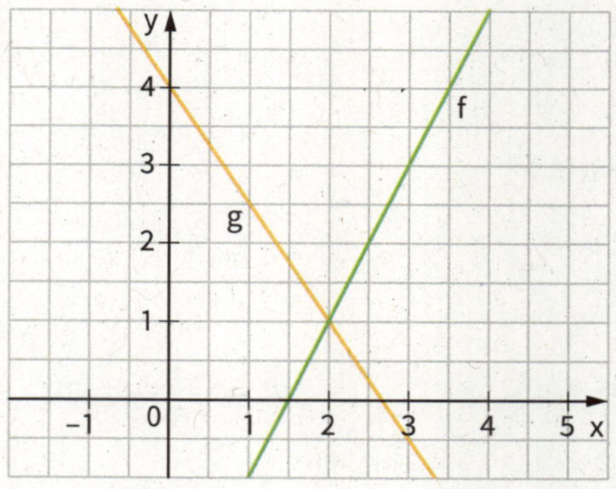

b) S (2 | 1)
Rechnung:
2x – 3 = – 1,5 x + 4
3,5x = 7
x = 2

3 f: y = 1,5x + 1 g: y = – 1,2 x + 2,8

4

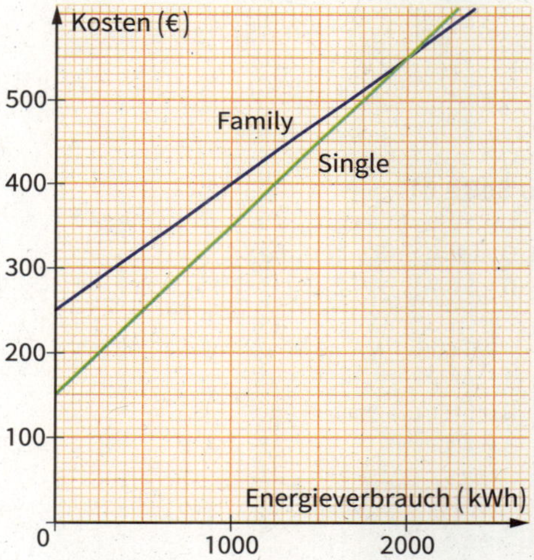

Ab 2000 kWh Verbrauch ist der Tarif Family günstiger.

Zu Seite 57

1 Konservendose: V = 425 cm³
Silo: 300 m³
Versandtonne: 200 *l*
Abfalleimer: 5 *l*

2 G = 50,27 cm² V = 502,65 cm³

3 a) G = 1 809,56 cm² V = 10 857,34 cm³
b) G = 13,85 m² V = 49,88 m³

Zu Seite 58

1 Inhalt der Grundfläche: G = 78,54 cm^2
Flächeninhalt des Mantels: M = 376,99 cm^2
Oberflächeninhalt des Zylinders: O = 534,07 cm^2

2 G = 113,1 cm^2 M = 565,5 cm^2 O = 791,7 cm^2

3 G = 301,06 m^2 M = 527,79 m^2 O = 929,91 m^2

Zu Seite 59

1 V = 1 964,43 cm^3

2 251,33 ml

3 a) O = 678,58 cm^2 b) O = 3 053,63 m^2

4 Man benötigt 7 206,81 m^2 Blech.

Zu Seite 60

1 I Quadrat II Rechteck III Dreieck IV Sechseck

2 G = 25 m^2 V = 25 m^3

3 I G = 625 cm^2 V = 6 875 cm^3
II G = 5,76 m^2 V = 5,184 cm^3

4 G = 63 m^2 V = 210 m^3

Zu Seite 61

1 b) Quadrat und vier Dreiecke
c) G = 81 m^2 A = 22,5 m^2 M = 90 m^2 O = 171 m^2

2 G = 23,04 m^2 M = 49,92 m^2 O = 72,96 m^2

3 b) Rechteck; 4 Dreiecken
c) G = 140 cm^2 M = 157,2 cm^2 O = 297,2 cm^2

Zu Seite 62

1 G = 31,36m^2 V = 89,04 m^3 M = 59,36 m^2 O = 90,72 m^2

2 G = 60,84 cm^2 V = 105,46 cm^3 M = 101,4 cm^2 O = 162,24 cm^2

3 a) Voraussichtliche Baukosten: 122 880 €
b) Anzahl der Dachziegel: 2 400

Zu Seite 63

1 439,82 cm^3

2 a) G = 314,16 m^2 V = 2 513,27 m^3
b) G = 804,25 m^2 V = 8 042,48 m^3

3 V = 201,06 cm^3 m = 542,87 kg

4 a) 153,36 ml b) 4 Gläser

Zu Seite 64

1 M = $\pi \cdot$ 5 cm · 13 cm = 204,20 cm^2
O = 78,54 cm^2 + 204,20 cm^2 = 282,74 cm^2

2 a) G = 1 256,63 m^2 M = 3 267,26 m^2 O = 4 523,89 m^2
b) G = 9 852,03 m^2 M = 12 315,04 m^2 O = 22 167,07 m^2

3 Kosten: 75 398,22 €

Zu Seite 65

1 I V = 19 301,95 cm^3 O = 4 825,49 cm^2
II V = 169,65 cm^3 O = 254,46 cm^2

2 Ja, der Sandhaufen kann mit einer Fuhre abtransportiert werden. Der Sandhaufen hat ein Volumen von 9,048 m^3.

3 Sie benötigt mindestens 175,93 cm^3.

Zu Seite 66

1 a) 1. Zylinder; Kegel
2. Volumen des Zylinders: 301,59 m^3
3. Volumen des Kegels: 142,41 m^3
4. Volumen des zusammengesetzten Körpers: 444 m^3
b) O = 295,3 m^2

Zu Seite 67

2 Es werden 5 376 *l* Fabe benötigt.

3

	Körper I	Körper II
Geometrische Körper	Kegel	Pyramide, Quader
Volumen der einzelnen Körper	3 015,93; 2 412,74	672; 144
Volumen des zusammengesetzten Körpers	5 428,67	816
Masse des zusammengesetzten Körpers	4 288,65	586,7

Zu Seite 68

1 äußerer Zylinder V = 40,72 m^3 innerer Zylinder: V = 24,63 m^3
Hohlzylinder V= 16,09 m^3 Masse Holzylinder m = 0,035 t

2 V = 67,44 m^3 O = 120,29 m^2 h_s = 5,6 m

3 a) V = 294 603,03 m^3 O = 27 154,67 m^2
b) O = 764,54 cm^2 V = 883,47 cm^3

Zu Seite 69

4 a) I Zylinder II Kegel III Kegel IV Hohlraumzylinder

b)

Drehkörper	I	II	III	IV
Volumen	1 256,64	1 282,82	753,98	2 638,94
Oberflächeninhalt	659,73	703,72	2.714,34	904,78

5 a) $r = 8{,}753$ cm $h_k = 17{,}5$ cm
b) $r = 20$m $h_k = 10$ m

6 $\frac{4}{3}\pi r$